U0385854

生态文明
与中国式现代化

钱　海◎著

中国人民大学出版社
· 北京 ·

前　言

"中国式的现代化"是由邓小平最早提出的。"中国式现代化道路"是习近平新时代中国特色社会主义思想的重要论断，一经提出，特别是经党的二十大报告系统阐释后，在国内外产生了强烈反响，成为一个热度极高的概念，也成为学界积极研究的重大课题。

习近平总书记在党的二十大报告中明确提出，"从现在起，中国共产党的中心任务就是团结带领全国各族人民全面建成社会主义现代化强国、实现第二个百年奋斗目标，以中国式现代化全面推进中华民族伟大复兴"，昭示了新时代新征程的奋斗方向、目标和路径。

现代化是人类文明发展进步的显著标志，实现现代化是世界各国的共同追求，也是中国几代人为之奋斗的夙愿。1921年中国共产党的成立，标志着中国的现代化事业有了主心骨、领路人。新中国成立以来，我们党一以贯之的主题就是把我国建设成为社会主义现代化国家。在新中国成立特别是改革开放以来长期探索和实践的基础上，经过十八大以来党在理论和实践上的创新突破，我们党成功推进和拓展了中国式现代化。

生态文明与中国式现代化是什么关系？习近平总书记指出：中国式现代化，是中国共产党领导的社会主义现代化，既有各国现代化的共同特征，更有基于自己国情的中国特色。中国式现代化是人口规模巨大的现代化，是全体人民共同富裕的现代化，是物质文明和精神文明相协调的现代化，是人与自然和谐共生的现代化，是走和平发展道路的现代化。这其中，推进生态文明建设、建设人与自然和谐共生的现代化是中国式现代化不可或缺的重要组成部分，也是实现中华民族伟大复兴的重要内容。党的二十大报告为今后一个时期推进生态文明建设、建设人与自然和谐共生的现代化赋予了新的使命，提出了更高要求，做出了具体部署，为我们推动生态文明建设迈上新台阶、推进美丽中国建设指明了前进方向，提供了基本遵循。

中国共产党历来高度重视生态文明建设，把节约资源和环境保护确立为基本国策，把可持续发展确立为国家战略。新时代以来，以习近平同志为核心的党中央加强对生态文明建设的全面领导，把生态文明建设摆在全局工作的突出位置，从思想、法律、体制、组织、作风上全面发力，做出一系列重大决策和战略部署，开展一系列根本性、开创性、长远性工作，决心之大、力度之大、成效之大前所未有，推动生态文明建设从认识到实践都发生了历史性、转折性、全局性变化。

一是形成了科学系统的指导思想。党的十八大以来，习近平总书记站在中华民族永续发展的高度，以马克思主义政治家、思想家、战略家的深邃洞察力、敏锐判断力和理论创造力，传承中华优秀传统文化、顺应时代潮流和人民意愿，深刻把握共产党执政规律、社会主义建设规律、人类社会发展规律，统筹推进“五位一体”总体布局、协调推进“四个全面”战略布局，继承和发展新中国生态文明建设探索实践成果，大力推动生态文明理论创新、实践创新和制度创新，创造性地提出一系列富有中国特色、体现时代精神、引领人类文明发展进步的新理念新思想新战略，形成了习近平生态文明思想，为推进美丽中国建设、实现人与自然和谐共生的现代化、实现中华民族永续发展提供了方向指引和根本遵循。

二是生态文明建设地位空前提高。党的十八大以来，生态文明建设被提升到前所未有的新高度，成为新时代党和国家最鲜明的新主张。在中国特色社会主义事业“五位一体”总体布局中，生态文明建设是其中一位；在新时代坚持和发展中国特色社会主义的十四条基本方略中，坚持人与自然和谐共生是其中一条；在五大新发展理念中，坚持绿色发展理念是其中一项；在全面建成小康社会必须打好的三大攻坚战中，污染防治是其中一战；在建设社会主义现代化强国目标中，美丽中国是其中一个目标。十八大党章把“中国共产党领导人民建设社会主义生态文明”写入总纲，十九大党章增写了“增强绿水青山就是金山银山的意识”等内容，2018年3月通过的宪法修正案将生态文明理念和生态文明建设写入了宪法，实现了党和国家、人民意志的统一。党的十九届六中全会通过的《中共中央关于党的百年奋斗重大成就和历史经验的决议》提出，要坚持人与自然和谐共生，协同推进人民富裕、国家强盛、中国美丽。这些充分体现了党和国家对生态文明建设重要性的认识，明确了生态文明建设在党和国家事业中的重要地位，是所有中国人必须了然于胸的“国之大者”。

三是逐步建立中国特色生态文明新制度。党的十八大以来，我国先后出台了《中共中央 国务院关于加快推进生态文明建设的意见》《生态文明体制改革总体方案》等纲领性文件，建立健全自然资源资产产权、国土空间开发保护、生态文明建设目标评价考核和责任追究、生态补偿、河湖长制、林长制、环境保护“党政同责”和“一岗双责”等制度，修订施行了“史上最严”的环境保护法，并制定或修订了环境影响评价法、水污染防治法、大气污染防治法、野生动物保护法、环境保护税法、长江保护法、生物安全法等生态环境领域相关法律法规，形成了源头严防、过程严管、后果严惩的生态文明建设制度体系，为生态文明建设提供了强有力的制度和法治保障。建立中央生态环境保护督察制度，坚决查处了一批破坏生态环境的重大典型案例、解决了一批人民群众反映强烈的突出问题。

四是创造了举世瞩目的生态奇迹和绿色发展奇迹。党的十八大以来，我国坚持“绿水青山就是金山银山”的理念，坚持山水林田湖草沙一体化保护和系统治理，全方位、全地域、全过程加强生态环境保护，着力优化国土空间开发保护格局，建立以国家公园为主体的自然保护地体系，持续开展大规模国土绿化行动，加强大江大河和重要湖泊湿地及海岸带生态保护和系统治理，加大生态系统保护和修复力度，加强生物多样性保护，推动形成节约资源和保护环境的空间格局、产业结构、生产方式、生活方式，交出了一份令人民满意、世界瞩目的“绿色答卷”。全国细颗粒物（$PM_{2.5}$）平均浓度从 2015 年的 46 微克/立方米下降到 2021 年的 30 微克/立方米，2021 年全国地级及以上城市空气质量优良天数比例达到 87.5%，成为世界上空气质量改善最快的国家；水环境质量发生了转折性的变化，地表水Ⅰ～Ⅲ类优良水体断面比例达 84.9%，接近发达国家水平，地级及以上城市的黑臭水体基本消除；各级各类自然保护区的面积约占全国陆域国土面积的 18%，300 多种珍稀濒危野生动植物野外种群数量得到恢复与增长；重化工业比重不断降低，建成全世界最大的清洁发电体系，可再生能源开发利用规模名列世界第一，2021 年全国单位 GDP 二氧化碳排放量比 2012 年下降 34.4%，煤炭在一次能源消费中的占比从 68.5%下降到 56%，过去十年我国以年均 3%的能源消费增速支撑了平均 6.6%的经济增长。

五是成为全球生态文明建设的重要参与者、贡献者、引领者。面对全球环境治理前所未有的困难，我国积极承担大国责任，深度参与全球环境与气候治理，开展国际交流合作，倡导世界各国携手共建“人与自然生命共同体”“地球生命共同体”，做出力争 2030 年前实现碳达峰、2060 年前实现碳中和的庄严承诺，展现负责任大国的担当和形象，并为全球生态文明建设提供了中国智慧、中国方案和中国力量，中国生态文明理念在全球产生了重要影响。

成绩固然可喜，形势依然严峻。我们也要看到我国生态文明建设仍然存在明显短板，仍然面临诸多矛盾和挑战，生态环境建设稳中向好的基础还不牢固，从量变到质变的拐点还没有到来，生态环境质量同人民群众对美好生活的期盼相比，同建设美丽中国的目标相比，同推动高质量发展、推进中国式现代化、全面建设社会主义现代化国家的要求相比，还有较大差距。特别是资源环境约束趋紧、生态系统退化等问题仍然突出，各类环境污染、生态破坏仍呈高发态势，成为国土之殇、民生之痛。如果不抓紧扭转生态环境恶化趋势，我们必将付出极其沉重的代价。习近平总书记强调，如果现在不抓紧，将来解决起来难度会更高、代价会更大、后果会更重。我们必须咬紧牙关，爬过这个坡，迈过这道坎。在全面建设社会主义现代化国家的新征程上，推进生态文明建设、建设人与自然和谐共生的现代化的使命更加光荣、责任更加重大、任务更加艰巨，我们必须坚定不移用习近平生态文明思想武装头脑、指导实践、推动工作，保持战略定力，加大力度推进生态文明建设，不断满足人民日益增长的优美生态环境需求，为建成富强民主文明和谐美丽的社会主义现代化强国、实现中华民族伟大复兴打下更加坚实、更加稳固的绿色根基。

本书阐明了生态文明概念的由来、内涵，探讨了生态文明与中国式现代化之间的关系，阐释了至今仍有现实意义的中国古代生态智慧及启示，分析了当前推进生态文明建设的难点和重点工作，并着重探讨了国家公园建设、碳达峰碳中和、参与全球环境治理等重点任务，从实际出发提出了若干对策措施，旨在为建设美丽中国、实现人与自然和谐共生的中国式现代化贡献绵薄之力。

钱　海

2022 年 12 月

目　录

第一章　生态文明基本理论

作为百年来全球发生的最严重的传染病大流行，新冠肺炎疫情产生了不可估量的影响，极大地改变了人们的日常生活和行为方式，甚至人类文明的发展进程。目前对新冠病毒的溯源还没有定论，但科学家们普遍认为，新冠肺炎疫情的大暴发是大自然对人类打破生态平衡的报复，也促使人们更为深刻地重新审视人与自然的关系和人的行为方式，更加重视生态文明建设。在这样的背景下，回顾生态文明理论与实践演进的历程，认真归纳和总结历史经验，对于新时代进一步推动我国生态文明事业发展、建设美丽中国、共同构建人与自然生命共同体具有重要的理论意义和现实意义。

一、生态文明是什么?

（一）“生态文明”概念的提出

“生态文明”由“生态”和“文明”两个词语组成。“生态”一词我国自古就有，南朝梁简文帝所作《筝赋》中曰：“丹荑成叶，翠阴如黛。佳人采掇，动容生态。”《东周列国志》第十七回中说道：“息妫目如秋水，脸似桃花，长短适中，举动生态，目中未见其二。”这里“生态”的意思是显露美好的姿态。在古代典籍中，“生态”有时还指生动的意态。如唐代杜甫在《晓发公安》中写道：“邻鸡野哭如昨日，物色生态能几时。”明代刘基在《解语花・咏柳》中写道:“依依旎旎、袅袅娟娟,生态真无比。”而“生态”(eco-)现代常用的词义源于古希腊文“oikos”,本义指“住所”或“栖息地”。现在“生态”一词通常是指生物在一定的自然环境下生存和发展的状态,也指生物的生理特性和生活习性。

“文明”一词最早出自《易经》中的“见龙在田,天下文明”,指文采光明的意思。唐代孔颖达注疏《尚书》时将“文明”解释为:“经天纬地曰文,照临四方曰明。”“经天纬地”意为改造自然,属物质文明;“照临四方”意为驱走愚昧,属精神文明。在英语中,“文明”(civilization)一词源于拉丁文“civis”,意思是城市的居民,其本义为人民生活于城市和社会集团中的能力,后引申为一种先进的社会和文化发展状态,以及到达这一状态的过程,其涉及的领域广泛,包括民族意识、技术水准、礼仪规范、宗教思想、风俗习惯以及科学知识的发展等。在现代词义中,“文明”代表着人类文化发展的成果,是人类改造世界的物质成果和精神成果的总和,是人类社会进步的标志。“文明”还常常与野蛮相对应使用,表示使人类脱离野蛮状态的所有社会行为和自然行为构成的集合。

不难发现,“生态”和“文明”两个词虽然在我国古代早就出现过,但这两个词的现代释义基本源自国外。“生态文明”一词首现于德国学者伊林・费切尔 1978 年发表在英文期刊《宇宙》上的《人类的生存环境:论进步的辩证法》① 一文中,但他只是简单地用“生态文明”表达对工业文明和技术进步主义的批判,并没有对“生态文明”进行定义。中国人对“生态文明”概念进行了完整定义。在中国学术界,生态经济

① FETSCHER I. Conditions for the survival of humanity: on the dialectics of progress. Universe, 1978, 20 (3): 161-172.

学家刘思华教授于1986年在上海召开的全国第二次生态经济学科学研讨会上，首次提出社会主义生态文明的新理念，并一直致力于建设生态文明的理论研究。1987年5月，在安徽省阜阳市召开的全国生态农业问题研讨会上，中国生态农业之父叶谦吉教授针对我国生态环境趋于恶化的态势，呼吁要“大力建设生态文明”，并从生态学及生态哲学的视角对“生态文明”进行了初步定义。1988年，刘宗超、刘粤生在《地球表层系统的信息增殖》一文中，首次从天文地质对地球表层影响的角度提出要确立“全球生态意识和全球生态文明观”。1996年，全国哲学社会科学规划办公室将“生态文明与生态伦理的信息增殖基础”课题正式列为国家哲学社会科学“九五”规划重点项目，首开世界系统研究生态文明理论的先河，宣告“21世纪是生态文明时代，生态文明是继农业文明、工业文明之后的一种先进的社会文明形态”，奠定了当代生态文明理论的基础，基本完成了生态文明观作为哲学、世界观、方法论的建构。在世界范围内，中国学者全面论述了“生态文明”，为推动全球生态文明建设起到了不可替代的作用。

中国共产党是世界上第一个把“生态文明”上升到治国理政层面、提出要建设生态文明的执政党。2002年11月，党的十六大把“可持续发展能力不断增强，生态环境得到改善，资源利用效率显著提高，促进人与自然的和谐，推动整个社会走上生产发展、生活富裕、生态良好的文明发展道路”作为全面建设小康社会的四个目标之一。2003年6月印发的《中共中央　国务院关于加快林业发展的决定》提出要“建设山川秀美的生态文明社会”。2007年10月，党的十七大报告提出到2020年实现全面建设小康社会奋斗目标的五个新的更高要求，其中之一就是“建设生态文明”，具体是“建设生态文明，基本形成节约能源资源和保护生态环境的产业结构、增长方式、消费模式。循环经济形成较大规模，可再生能源比重显著上升。主要污染物排放得到有效控制，生态环境质量明显改善。生态文明观念在全社会牢固树立”。这是中国共产党第一次正式提出“建设生态文明”。特别是2012年11月，党的十八大将生态文明建设纳入“五位一体”总体布局，从十七大全面建设小康社会奋斗目标的一条新要求，上升为推进中国特色社会主义事业的一部分，生态文明建设的地位大大提升。总的来看，从2007年党的十七大正式提出“建设生态文明”以来，在15年的时间里，“生态文明”已经成为当今中国知名度高、美誉度好，家喻户晓、妇孺皆知、深入人心的一个概念，也是我国在世界上发出的响亮的中国声音，获得广泛认同的中国理念。

（二）生态文明的内涵

“生态文明”的概念从提出到普及经历了一个过程。在2007年党的十七大正式提出“建设生态文明”之前，论述生态文明的论文和著作并不多。党的十七大以后，对生态文明的研究日益增多，对生态文明内涵的解读也日渐多元化，主要有以下几种。

一是环保论，认为生态文明建设就是环境保护。在日常生活中，人们常常把生态文明建设与环境保护等同于一个概念。实际上，生态文明建设的范畴远大于环境保护，建设生态文明不是让人类消极地向自然回归，而是积极地实现人与自然和谐共生。这其中，环境保护是生态文明建设的基础和重要内容。环境保护是指为协调人类与环境的关系，保护人类的生存环境、保障经济社会的可持续发展而采取的行动。从狭义上来说，环境保护一般是指为改善大气、水、土壤、噪声等环境要素而采取的各种行动。它所涉及的领域较为单一，而生态文明建设贯穿于经济、社会、人文、民生、资源、环境等各个领域，涉及观念转变、产业转换、体制转轨、社会转型等多方面，包含转变经济发展方式、形成绿色生产生活方式、优化国土空间开发格局、弘扬生态文化、加大自然生态系统和环境保护力度、改善生态环境质量等内容，范围更广，内涵更丰富。即使在2018年我国新一轮机构改革后，环境保护部更名为生态环境部，相关职能进一步增强，生态文明建设也不等同于生态环境保护，也不是生态环境部一个部门就可以主导的。正因为此，在推进生态文明建设的实践中，一些地区在建立统一高效的生态文明建设体制机制上进行了有益探索。比如，贵州省贵阳市于2012年11月在全国第一个设立了生态文明建设委员会，在整合原市环境保护局、市林业绿化局（市园林管理局）、市“两湖一库”管理局的基础上，将市文明办、发改委、工信委、住建局、城管局、水利局等部门涉及生态文明建设的相关职责划转并入。生态文明建设委员会作为市政府的工作部门，负责全市生态文明建设的统筹规划、组织协调和督促检查等工作。其设立有效解决了生态文明建设涉及多个部门，存在职能交叉、职责不清的问题，增强了生态文明建设的整体性、系统性，使贵阳市生态文明建设有了更有力的统筹领导机构和更科学的顶层制度设计。从这一事例也可看出，生态文明建设不等同于生态环境保护。

二是阶段论，认为生态文明是人类文明发展的一个新的阶段，即工业文明之后的一种文明形态。比如，叶谦吉教授认为：“所谓生态文明，就是人类既获利于自然，又还利于自然，在改造自然的同时又保护自然，人与自然之间保持着和谐统一的关系。”[①] 他把人类社会划分为蒙昧时代、野蛮时代和文明时代。蒙昧时代还没有产生社会化的人类，人类自身还没有意识到人类与自然之间的关系。野蛮时代建立在人类对自然的征服之上。文明时代则是人类与自然和谐相处的时代，生态文明因而是人类文明时代的真正开始。再如，钱俊生和余谋昌教授认为，生态文明是人类经过古代文明、农业文明、工业文明后进行的又一次选择。又如，美国学者罗伊·莫里森在1995年出版的《生态民主》一书中明

① 徐春．生态文明是科学自觉的文明形态．中国环境报，2011-01-24.

确提出，生态文明是工业文明之后的文明形态。还如，环境保护部原副部长潘岳则在党的十七大召开前夕提出：300年的工业文明以人类征服自然为主要特征，世界工业化的发展使征服自然的文化达到极致；一系列全球性生态危机说明地球再也没能力支持工业文明的继续发展，因而需要开创一个新的文明形态来延续人类的生存，这就是生态文明；如果说农业文明是“黄色文明”，工业文明是“黑色文明”，那生态文明就是“绿色文明”[①]。国务院原副总理姜春云认为，生态文明是有别于任何一种文明的崭新文明形态，其产生和发展具有必然的历史演进轨迹，即人类原始文明→农耕文明→工业文明→后工业文明→生态文明[②]。原始文明经历了170万～200万年。在这个时期，极少的人口以狩猎采集为生，主要以石器为生产工具，对地球数千亿吨计的净植物生产力来说，人类的“消费”量可以忽略不计。原始农业出现后，虽然产生了生态问题，但地球生物圈强大的自我恢复和生态平衡能力，保证了人类与生物、环境之间自然有序的协同进化，堪称原始“绿色文明”。到了农耕文明时期，随着生产工具和技术的进步，人类利用和改造自然的能力越来越强，相应的生态问题日渐显现、突出。过度开发林地、草地、丘陵山冈地与河湖滩地带来的生态、环境恶化，致使文明衰落的变故屡见不鲜。但总的来看，这个时期人类的发展对自然生态的负面作用是渐进的，有一定的限度。进入工业文明时期，人类对大自然展开了空前规模的征服运动，以掠夺的方式开发利用自然资源，造成了自然资源迅速枯竭、生态环境日趋恶化，导致了人与自然关系严重失衡，直接威胁到人类的生存和发展。就是在这样的背景下，人类开始了生存与发展的深刻反思和艰难探索，进入后工业文明、生态文明阶段。此类划分主要是基

① 潘岳．生态文明延续人类生存的新文明．中国新闻周刊，2006（37）．
② 姜春云．跨入生态文明新时代：关于生态文明建设若干问题的探讨．求是，2008（21）．

于人与自然关系进行的。

关于人类社会发展阶段的划分还有多种说法。比如，马克思主义理论认为，根据生产关系的不同性质，人类社会可以划分为原始社会、奴隶社会、封建社会、资本主义社会、共产主义社会五种社会形态；以生产力和技术发展水平以及与此相适应的产业结构为标准，可以划分为渔猎社会、农业社会、工业社会-信息社会。随着信息技术的快速发展，也有人认为，“数字文明”是继“农业文明”“工业文明”后的第三次文明。这种观点认为，“数字文明”是一个基于大数据、云计算、物联网、区块链等新一代信息技术的智能化时代，不仅带来了新技术、新理念、新观念、新模式的变化，而且对社会生产、人们的生活、社会的经济形态、国家治理等均产生了重要而深远的影响，已全面融入了政治、经济、文化、社会、生态文明建设全过程，正在开创一个新的人类文明新时代。2021 年 9 月 26 日，习近平总书记向 2021 年世界互联网大会乌镇峰会致贺信指出，中国愿同世界各国一道，共同担起为人类谋进步的历史责任，激发数字经济活力，增强数字政府效能，优化数字社会环境，构建数字合作格局，筑牢数字安全屏障，让数字文明造福各国人民，推动构建人类命运共同体。从这个角度看，如果按照人类发展阶段来划分文明进程，可以得出多个结论，所以阶段论难以全面概括生态文明的内涵和要义。

三是渗透论，认为生态文明与物质文明、精神文明、政治文明是相互渗透、相辅相成、互为条件、相互促进、不可分割的一个整体。刘思华教授在 1986 年全国第二次生态经济学科学研讨会上，首次提出“社会主义物质文明、精神文明和生态文明的协调发展”的观点；在 1989 年出版的《理论生态经济学若干问题研究》一书中首次阐述了物质文明、精神文明和生态文明三大文明的建设过程。国家环境咨询委员会原副主任、中国科学院原常务副院长、中国科学院院士孙鸿烈认为，生态文明与物质文明、政治文明、精神文明既相互区别、相互独立，又相互依赖、相互包容、相互制约、相互适应；物质文明是基础，政治文明是保障，精神文明是支柱，生态文明是重要条件；破坏生态文明，既会影响物质文明的可持续发展，又会危害多年积累的物质文明成果，生态文明影响着政治文明的内容和发展，也促进人们的世界观和价值观发展变化，形成生态意识，推动人类的精神文明建设；生态文明的有关成果通过物质文明、政治文明和精神文明的建设得以体现①。全国政协人资环委原副主任王玉庆认为，生态文明与物质文明、精神文明、政治文明等共同组成了人类社会文明的多个维度。渗透论论述了生态文明与物质文明、精神文明、政治文明的关系，但它忽略了生态文明的主体性，秉持这种观点的人很容易就把生态文明放在附属地位，认为生态文明应当从属于或服务于其他文明建设，导致在工作中忽视生态环境保护等工作。因此，这种观点有一定局限性。

四是引导论，认为生态文明应当在经济社会发展中处于引导地位。这是笔者倡导的一种观点，笔者认为，生态文明的本质是一种理念，其内涵是：生态文明是以尊重和维护自然为前提，以人与人、人与自然、人与社会和谐共生为宗旨，以引导人们走上持续、和谐的发展道路为着眼点，是人类对传统文明形态特别是工业文明深刻反思的结果，是对既有的物质文明、精神文明、政治文明发展路径的拓展和匡正。在生态文明理念下的物质文明，致力于消除人类活动对自然界稳定与和谐构成的威胁，逐步形成与生态相协调的生产方式和消费方式；生态文明理念下的精神文明，提倡尊重自然规律，建立人自身全面发展的文化氛围，抑制人们对物欲的过分追求；生态文明理念下的政治文明，尊重利益和需求的多元化，协调平衡各种社会关系，实行避免生态破坏的制度安排。

---

① 牢固树立生态文明观念：访国家环境咨询委员会副主任孙鸿烈院士．求是，2009（21）．

理念是行动的先导，一定的发展实践都是由一定的发展理念来引领的。发展理念是否对头，决定着发展成效乃至成败。党的十八大以来，党中央对经济社会发展提出了一系列重大理论和理念，引导我国经济发展取得历史性成就、发生历史性变革。这其中，新发展理念是最重要、最主要的，“贯彻新发展理念是新时代我国发展壮大的必由之路”。

那么，生态文明理念和新发展理念是什么关系呢？五大新发展理念中有一大理念是绿色发展理念，生态文明理念与绿色发展理念是一致的。“绿色”代表健康和生命，代表生机和活力，代表希望和未来，绿色多一点就意味着代表污染的黑色、黄色、白色少一点。绿色发展理念已经广泛渗透到方方面面。2015 年 10 月，习近平总书记在党的十八届五中全会上首次提出创新、协调、绿色、开放、共享五大发展理念，这次全会通过的《中共中央关于制定国民经济和社会发展第十三个五年规划的建议》对“绿色发展理念”进行了定义：“绿色是永续发展的必要条件和人民对美好生活追求的重要体现。必须坚持节约资源和保护环境的基本国策，坚持可持续发展，坚定走生产发展、生活富裕、生态良好的文明发展道路，加快建设资源节约型、环境友好型社会，形成人与自然和谐发展现代化建设新格局，推进美丽中国建设，为全球生态安全作出新贡献。”从这一表述可以看出，绿色发展理念和生态文明理念是一致的。

随着时代的发展，引导论的观点已经被越来越多的人接受，这也体现了人们对经济社会发展规律和中国特色社会主义建设规律的认识。在物质匮乏的阶段，物质文明建设占主导地位，精神文明建设则为物质文明建立道德伦理规范，因此，从党的十二大到十五大，党中央的报告一直强调物质文明和精神文明两手抓；在解决基本温饱之后，为有效保障社会主义现代化建设以及社会的有效运转等，十六大报告开始强调政治文明建设，提出“不断促进社会主义物质文明、政治文明和精神文明的协调发展”，从“两手抓、两手都要硬”变为“三个文明”一起抓；随着我国工业化的不断推进，环境问题越来越突出，十七大报告开始强调生态文明建设，把“建设生态文明”的目标作为实现全面建设小康社会奋斗目标的新要求之一，并提出了经济建设、政治建设、文化建设、社会建设“四位一体”；党的十七届四中全会把生态文明建设提升到与经济建设、政治建设、文化建设、社会建设并列的战略高度，提出“全面推进社会主义经济建设、政治建设、文化建设、社会建设以及生态文明建设”；党的十八大把生态文明建设纳入“五位一体”总体布局，强调“全面落实经济建设、政治建设、文化建设、社会建设、生态文明建设五位一体总体布局”，“把生态文明建设放在突出地位，融入经济建设、政治建设、文化建设、社会建设各方面和全过程，努力建设美丽中国，实现中华民族永续发展”；党的十九大“把坚持人与自然和谐共生”作为新时代坚持和发展中国特色社会主义的基本方略之一。在新时代、新发展阶段，推动高质量发展成为经济社会发展的主题，生态文明建设的地位进一步凸显，生态文明理念更显重要。因此，笔者认为，在未来发展中，应当秉承生态文明引导论，做到完整、准确、全面贯彻新发展理念，以生态文明理念来引导和推动物质文明、精神文明、政治文明发展，统筹推进经济建设、政治建设、文化建设、社会建设、生态文明建设的总体布局，使所有的发展都体现生态文明的理念和要求。如果做不到这一点，就很难实现人与自然和谐共生和永续发展，很难建成高度发达的生态文明社会。

二、我国推进生态文明建设的探索历程

中国共产党在领导中国革命、建设和改革的过程中，不断探索生态文明建设和经济社会发展的辩证关系，形成了科学系统完整、具有中国

特色的生态文明建设理论体系，为我国在不同历史时期正确处理人口与资源、经济发展与生态环境保护等关系指明了方向。

新中国成立初期，山河破碎，经济凋敝，百废待兴。积极开展工业化和发展经济，把国民经济引入正轨是首要任务。以毛泽东同志为主要代表的中国共产党人把做好资源环境工作作为恢复和发展国民经济的重要条件，着力整治水患、加强水土保持、治理环境污染、号召“绿化祖国”等，召开第一次全国环境保护会议，确立“全面规划、合理布局、综合利用、化害为利、依靠群众、大家动手、保护环境、造福人民”的环境保护工作方针，将环境保护工作提上国家的议事日程，奠定了我国生态环境保护事业的基础。

改革开放之初，我国战略重心向以经济建设为中心转移，稳定的法治环境是经济社会发展的制度保障。在国民经济的调整期、转型期，以邓小平同志为主要代表的中国共产党人立足我国社会主义初级阶段的基本国情，坚持把以经济建设为中心和扎实做好人口资源环境工作相统一，把环境保护确立为基本国策，强调环境保护是国家经济管理工作的重要内容，强调有效利用和节约使用能源资源，主张依靠科技和法制保护生态环境，颁布了我国首部环境保护法，制定了系统的环境保护政策和管理制度，开启了我国生态环境保护事业法治化、制度化进程。1979年9月，《中华人民共和国环境保护法（试行）》颁布，第一次从法律上要求各部门和各级政府在制订国民经济和社会发展计划时必须统筹考虑环境保护，为实现环境和经济社会协调发展提供了法律保障。此后，我国陆续制定并颁布了《海洋环境保护法》（1982年8月）、《水污染防治法》（1984年5月）、《森林法》（1984年9月）、《草原法》（1985年6月）、《大气污染防治法》（1987年9月）、《水法》（1988年1月）、《野生动物保护法》（1988年11月）、《水土保持法》（1991年6月）等法律，初步构成了环境保护的法律框架。1989年4月，国务院召开了第三次全国环境保护会议，确定了环境保护“三大政策”和“八项管理”制度，即确立预防为主、防治结合，谁污染谁治理和强化环境管理“三大政策”，出台“三同时”制度、环境影响评价制度、排污收费制度、城市环境综合整治定量考核制度、环境目标责任制度、排污申报登记和排污许可证制度、限期治理制度和污染集中控制制度“八项管理”制度。这一时期，还发生了一件具有里程碑意义的事件，即1988年原为内设机构的环保局从城乡建设环境保护部独立出来，成立了直属国务院的国家环境保护局。随后，各省、区、市也相继设立环保机构，环境保护在国家各级管理层面上得到了重视。

20世纪90年代以来，随着经济全球化进一步发展，世界各国普遍认识到，发展不只是经济总量及经济指标的增长，也不是单一速度的追求，必须实施可持续发展，不能“吃尽祖宗饭，断绝子孙路”。以江泽民同志为主要代表的中国共产党人进一步认识到我国生态环境问题的紧迫性和重要性，将可持续发展上升为国家发展战略，推动经济发展和人口、资源、环境相协调，强调环境保护工作是实现经济和社会可持续发展的基础，建立环境与发展综合决策机制，开展大规模环境污染治理，将生态环境保护纳入国民经济和社会发展计划，加强环境保护领域与国际社会的广泛交流和合作，开拓了具有中国特色的生态环境保护道路。这一时期，各级政府越来越重视污染防治工作，环保投入不断增大，污染防治工作开始由工业领域逐渐转向城市，城市环境综合整治工作取得积极进展。

进入21世纪以来，经过20多年的改革开放和社会主义现代化建设，我国经济发展取得了举世瞩目的成就，但在经济快速发展的同时，经济社会中也存在一些突出的问题和矛盾，主要是城乡差距、地区差距和收入分配差距不断扩大，就业和社会保障压力增大，社会事业发展滞后，人口增长、经济发展同生态环境、自然资源的矛盾加剧，经济增长方式落后等问题。特别是2003年春发生的非典疫情，促使我国对发展问题进行认真的思考。在这一时代背景下，以胡锦涛同志为主要代表的中国共产党人高度重视资源和生态环境问题，形成了以人为本、全面协调可持续的科学发展观，首次提出生态文明理念，把建设生态文明作为全面建设小康社会奋斗目标的新要求，强调建设以资源环境承载力为基础、以自然规律为准则、以可持续发展为目标的资源节约型、环境友好型社会，着力推动整个社会走上生产发展、生活富裕、生态良好的文明发展道路，开辟了社会主义生态文明建设新局面。这一时期，有几个标志性事件值得记录：2005年12月，国务院发布《关于落实科学发展观加强环境保护的决定》，确立了以人为本的环保宗旨，成为指导我国经济社会与环境协调发展的纲领性文件。2006年3月，十届全国人大四次会议批准通过的《国民经济和社会发展第十一个五年规划纲要》中，提出了建设资源节约型和环境友好型社会的战略任务和具体措施。2006年4月召开的第六次全国环境保护大会提出了“三个转变”的战略思想，即从重经济增长轻环境保护转变为保护环境与经济增长并重；从环境保护滞后于经济发展转变为环境保护和经济发展同步；从主要用行政办法保护环境转变为综合运用法律、经济、技术和必要的行政办法解决环境问题。2007年10月，党的十七大首次把生态文明建设列为全面建设小康社会奋斗目标的五个新的更高要求之一，为新时期的环保工作指明了方向。2011年12月，第七次全国环境保护大会提出了“坚持在发展中保护、在保护中发展，积极探索环保新道路”的要求。此外，为加大环境政策、规划和重大问题的统筹协调力度，2008年3月十一届全国人大一次会议决定组建环境保护部，这也是我国环保事业发展的标志性事件。

尽管这一时期我国已经深刻认识到生态文明的重要性，但由于我国环境治理历史欠账较多，环境与发展相协调的改革机制尚不完善，生态环境形势依然十分严峻。比如，资源环境约束加剧，生产方式粗放。2010年我国GDP跃升世界第二位，但我国的单位GDP能源消耗约是美国的4倍，日本和德国的6～8倍；我国消耗了全世界能源总量的21.3%，却只生产了世界GDP总量的11.6%。又如，环境问题在我国集中爆发，呈现出压缩型、叠加型、复合型、耦合型的特点。2011年，我国的化学需氧量及二氧化硫、氮氧化物等主要污染物排放量均居世界第一位，分别达到2 499.9万吨、2 217.9万吨、2 404.3万吨，都远超环境容量；土壤重金属污染、地下水污染以及$PM_{2.5}$污染等环境问题先后成为公众关注的热点。

面对资源环境压力空前增大、资源环境承载能力已接近上限、我国转型期各种矛盾日趋尖锐的状况，党的十八大以来，以习近平同志为主要代表的中国共产党人，在几代中国共产党人不懈探索的基础上，全面加强生态文明建设，系统谋划生态文明体制改革，一体治理山水林田湖草沙，着力打赢污染防治攻坚战，生态文明建设和生态环境保护发生历史性、转折性、全局性变化。这些变化体现在以下“三个前所未有”上。一是决心之大前所未有。我们把“美丽中国”纳入社会主义现代化强国目标，把“生态文明建设”纳入“五位一体”总体布局，把“人与自然和谐共生”纳入新时代坚持和发展中国特色社会主义基本方略，把“绿色”纳入新发展理念，把“污染防治”纳入三大攻坚战，这充分彰显了生态文明建设在党和国家事业中的重要地位，充分表明了我们党加强生态文明建设的坚定意志和坚强决心。二是力度之大前所未有。我们从思想、法律、体制、组织、作风上全面发力，全方位、全地域、全过程加强生态环境保护。系统谋划生态文明体制改革，大力推进绿色、循环、低碳发展，着力打赢污染防治攻坚战，加大生态系统保护修复力度，坚定不移走生产发展、生活富裕、生态良好的文明发展道路。三是成效之大前所未有。过去十年，我国以年均3%的能源消费增速支撑了平均6.6%的经济增长。全国地级及以上城市$PM_{2.5}$年均值由2015年的46微克/立方米降至2021年的30微克/立方米，成为全球大气质量改善速度最快的国家。全国地表水优良断面比例达到84.9%，已接近发达国家水平。全国土壤污染风险得到基本管控。我国生态环境保护成就得到国际社会广泛认可，成为全球生态文明建设的重要参与者、贡献者、引领者。

在这一历史进程中，我们党深刻把握生态文明建设在新时代中国特色社会主义事业中的重要地位和战略意义，以新的视野、新的认识、新的理念，系统回答了为什么建设生态文明、建设什么样的生态文明、怎样建设生态文明等重大理论和实践问题，赋予生态文明建设理论新的时代内涵，形成了系统科学的习近平生态文明思想，把我们党对生态文明的认识提升到了一个新的高度，开创了生态文明建设的新境界，走向了社会主义生态文明新时代。

三、新时代生态文明建设的基本原则

习近平生态文明思想是我们党百年来在生态文明建设方面奋斗成就和历史经验的集中体现，是社会主义生态文明建设理论创新成果和实践创新成果的集大成者，是新时代生态文明建设的根本遵循和行动指南。当前，推进生态文明建设，首要的是深入贯彻落实习近平生态文明思想，重点要把握好以下几条基本原则。

（一）坚持节约优先、保护优先、自然恢复为主的方针

生态环境没有替代品，用之不觉，失之难存。从原始文明的崇拜、敬畏自然，到农业文明的模仿、学习自然，到工业文明的改造、征服自然，再到生态文明的尊重、顺应和保护自然，人类已经认识到，“当人类合理利用、友好保护自然时，自然的回报常常是慷慨的；当人类无序

开发、粗暴掠夺自然时，自然的惩罚必然是无情的。人类对大自然的伤害最终会伤及人类自身，这是无法抗拒的规律”[①]。生态环境问题归根结底是发展方式和生活方式问题。面对资源约束趋紧、环境污染严重、生态系统退化的严峻形势，党的十八大报告明确提出，推进生态文明建设，要坚持节约优先、保护优先、自然恢复为主的方针。党的十九大报告强调，必须坚持节约优先、保护优先、自然恢复为主的方针，形成节约资源和保护环境的空间格局、产业结构、生产方式、生活方式，还自然以宁静、和谐、美丽。党的二十大报告再次强调，要坚持节约优先、保护优先、自然恢复为主的方针。

坚持节约优先，就是在资源上把节约放在首位，着力推进资源节约集约利用，提高资源利用率和生产率，降低单位产出资源消耗，杜绝资源浪费。煤炭、石油、天然气、矿石等人类赖以生存的资源都是不可再生的，不节约使用和有效保护，就会很快枯竭，即便是生物资源等可再生资源，如果不合理使用和有效保护，也会导致消亡。虽然我国资源总量大、种类多，但人均占有量少，人均耕地、林地、草地面积和淡水资源分别仅相当于世界平均水平的43%、14%、33%、28%，主要矿产资源人均占有量相当于世界平均水平的比例分别是——煤67%、石油8%、铁矿石17%、铜25%、铝土矿11%，资源短缺已成为制约我国高质量发展的重要瓶颈。同时，我国资源利用方式较粗放、浪费严重，矿产资源总回收率、资源综合利用率较低，单位国内生产总值资源能源消耗远高于发达国家。因此，必须高度重视资源节约，切实把节约放在优先位置，加大资源节约力度，实现资源永续利用。

坚持保护优先，就是在环境上把保护放在首位，加大环境保护力度，坚持预防为主、综合治理，明显改善环境质量。生态环境一旦遭受

① 习近平．习近平谈治国理政：第3卷．北京：外文出版社，2020：360-361.

破坏，即便付出极高的代价，也很难恢复，特别是物种灭绝了就无法恢复。当前，全球生物多样性消失速度正在加快，“平均每个小时就有一个物种灭绝”。世界自然基金会发布的《地球生命力报告 2022》显示，自 1970 年以来，基金会监测到的哺乳类、鸟类、两栖类、爬行类和鱼类种群规模平均下降了 69%。另外，2019 年联合国在巴黎发布的《生物多样性和生态系统服务全球评估报告》也发出警告：“在地球上大约 800 万种动植物物种中，有多达 100 万种物种面临灭绝的威胁。其中，许多物种将在未来数十年内灭绝。”我国是世界上生物多样性最丰富的国家之一，有高等植物 3 500 种以上，哺乳动物接近 700 种，特有率超过了 20%，排在全球前列。虽然近年来我国实施了一系列生物多样性保护措施，成效也比较显著，但受栖息地丧失、生境破碎化、资源过度利用、环境污染等因素影响，我国仍然是世界上生物多样性受威胁最严重的国家之一。《中国生物多样性红色名录》评估的 34 450 种高等植物中，受威胁物种占比达到 10.9%；4 357 种脊椎动物中，受威胁物种占比 21.4%，其中两栖动物受威胁占比高达 43.1%，生物多样性保护面临严峻挑战。因此，必须把切实保护放在优先位置，增强全社会环境保护意识，彻底改变以牺牲环境、破坏生态为代价的粗放型增长模式，不走“先污染后治理”的路子。

坚持自然恢复为主，就是在生态上由人工建设为主转向自然恢复为主，顺应大自然的规律，给大自然留下更多的空间，使其用自身的方法和节奏修复自己。不按照自然规律进行保护和修复，人类对大自然的好心很可能会帮了倒忙。自然状态下，生态系统对所受到的干扰具有一定的恢复能力。当外界干扰不超过生态系统恢复的阈值时，生物恢复的条件还在，只要人类停止对退化生态系统的干扰，减轻生态压力，生态系统会自发地发生自然演替，向原有生态系统状态发展，逐步恢复生机。当然，强调自然恢复为主并不是不作为，而是要顺应自然，科学作为。

在一些生态环境退化严重的地区，应当坚持自然修复与人工治理相结合，开展生态修复治理工程。总之，节约优先、保护优先、自然恢复为主，三者缺一不可。面对严峻形势，必须站在人与自然和谐共生的高度来谋划经济社会发展，牢固树立尊重自然、顺应自然、保护自然的生态文明理念，坚持节约资源和保护环境的基本国策，坚持节约优先、保护优先、自然恢复为主的方针，不能只讲索取不讲投入，不能只讲发展不讲保护，不能只讲利用不讲修复，不能以牺牲生态环境为代价换取一时一地的经济增长，要像保护眼睛一样保护生态环境，像对待生命一样对待生态环境，走生产发展、生活富裕、生态良好的文明发展道路，着力推进绿色发展、循环发展、低碳发展，形成节约资源和保护环境的空间格局、产业结构、生产方式、生活方式，从源头上扭转生态环境恶化趋势，为人民创造良好生产生活环境，努力建设人与自然和谐共生的现代化。

（二）坚持发展和保护协同共生

人与自然的矛盾在现实社会经济发展中表现为发展和保护、生态化和现代化的矛盾。习近平总书记指出，正确处理好生态环境保护和发展的关系，是实现可持续发展的内在要求，也是推进现代化建设的重大原则。然而，现实中，一些干部不能正确认识和处理发展和保护的关系，常常把两者割裂开来、对立起来，一强调发展就认为没办法保护，一强调保护就认为没办法发展。有的认为，发展要宁慢勿快，否则得不偿失；也有的认为，为了加快发展，付出一些生态环境代价也是难免的、必要的。这些把发展和保护对立起来的观点，都是不全面的。经济发展和生态环境保护绝不是对立的，而是辩证统一的。对发展和保护之间的关系，习近平总书记形象地用“绿水青山就是金山银山”来表达。改革开放初期，浙江安吉县余村靠着开山采石成为远近闻名的“首富村”，老百姓腰包鼓起来了，但生态环境恶化，烟尘笼罩、污水横流成为困扰群众的大问题。要“钱袋子”还是要“绿叶子”？在抉择的十字路口，2005年8月，浙江省委书记习近平来到余村考察，以充满前瞻性的战略眼光，首次提出“绿水青山就是金山银山”。余村在这一重要理念的引领下，努力修复生态，用绿水青山敲开了经济发展的新大门，走出了一条生态美、百姓富的绿色发展之路。如今，这一新的发展理念已经从小山村走向了全中国，成为推进现代化建设的重大原则，成为全党全社会的共识和行动。

习近平总书记指出：“我们既要绿水青山，也要金山银山。宁要绿水青山，不要金山银山，而且绿水青山就是金山银山。”① 绿水青山就是金山银山，深刻揭示了保护生态环境就是保护生产力、改善生态环境就是发展生产力的道理，指明了实现发展和保护协同共生的新路径，“经济发展不应是对资源和生态环境的竭泽而渔，生态环境保护也不应是舍弃经济发展的缘木求鱼，而是要坚持在发展中保护、在保护中发展”②。“草木植成，国之富也。”绿水青山既是自然财富、生态财富，又是社会财富、经济财富。保护生态环境就是保护自然价值和增殖自然资本，就是保护经济社会发展潜力和后劲。树立和践行“绿水青山就是金山银山”的理念，要求我们从思想认识到具体行动都有一个根本转变。我们要坚决保护好绿水青山这个“金饭碗”，利用自然优势因地制宜发展特色产业，在山水上做文章、在生态上下功夫，努力将绿水青山蕴含的生态价值转化为老百姓的金山银山。对许多贫困地区来说，最大的资源就是生态资源，最大的优势就是生态优势。习近平总书记指出，“现在，许多贫困地区一说穷，就说穷在了山高沟深偏远。其实，不妨换个角度看，这些地方要想富，恰恰要在山水上做文章。要通过改革创

---

① 中共中央文献研究室．习近平关于社会主义生态文明建设论述摘编．北京：中央文献出版社，2017：21.

② 同①19.

新，让贫困地区的土地、劳动力、资产、自然风光等要素活起来，让资源变资产、资金变股金、农民变股东，让绿水青山变金山银山，带动贫困人口增收。……不少地方通过发展旅游扶贫、搞绿色种养，找到一条建设生态文明和发展经济相得益彰的脱贫致富路子，正所谓思路一变天地宽。”[①] 数据显示，“十三五”时期，依托森林旅游实现增收的全国建档立卡贫困人口达到147.5万人（46.5万户），受益人数占贫困人口的9%，年户均增收约5 500元，越来越多的贫困群众吃上旅游饭，过上好日子。在全国各地的不少农村，清新的空气、宜人的气候、明媚的阳光都卖出了好价钱。比如，据相关部门统计，至2020年底，海南全省已创建旅游扶贫示范村102个，形成了以琼中县什寒村为代表的整村推进型、以槟榔谷黎苗文化旅游区为代表的景区带动型等旅游扶贫模式。全省139家旅游景区和乡村旅游点设立旅游扶贫商品销售点，全省旅游扶贫直接带动1.6万户5.9万贫困人口脱贫。近年来，海南还创新探索建设扶贫型共享农庄，旨在通过与消费者共享贫困地区的良好生态，实现与贫困群众的共建共享共赢，促进贫困群众可持续增收致富。

（三）坚持把解决突出生态环境问题作为民生优先选项

良好的生存环境是人类活动的基本前提，也是民生福祉的基本构成。环境污染除了影响经济社会发展，更严重的是对人体健康的危害。比如，水是生命之源，世界卫生组织调查指出，人类疾病中的80%与水污染有关；伤寒、霍乱、胃肠炎、痢疾、传染性肝炎是人类五大疾病，均由水的不洁引起；50%儿童的死亡是由饮用被污染的水造成的；12亿人因饮用被污染的水而患上多种疾病。再如，雾霾中的数百种颗粒物会随着人的呼吸进入呼吸道，引发支气管炎、哮喘等呼吸道疾病。

---

① 中共中央文献研究室．习近平关于社会主义生态文明建设论述摘编．北京：中央文献出版社，2017：30.

同时，雾霾天气中空气的含氧量低，人的心脏跳动会加速，从而出现胸闷、气短等症状，引发心脑血管疾病等。又如，土壤关系着家家户户的“米袋子”“菜篮子”“水缸子”，土壤被重金属污染对人体健康危害极大，重金属污染不能被生物降解、不易迁移，一旦污染就会在长时期内残留，不断积累呈加重之势，并通过水、植物等介质危害人体健康。无数事实告诉我们，保护好生态环境就是保护人类的生存权和发展权。习近平总书记2013年4月视察海南时指出：“良好生态环境是最公平的公共产品，是最普惠的民生福祉。对人的生存来说，金山银山固然重要，但绿水青山是人民幸福生活的重要内容，是金钱不能代替的。”[①] 环境就是民生，青山就是美丽，蓝天就是幸福。随着我国社会生产力水平明显提高和人民生活显著改善，人民群众的需要呈现多样化、多层次、多方面的特点，人民群众对清新空气、清澈水质、清洁环境等生态产品的需求越来越迫切，生态环境问题已经成为民生问题的重要方面。特别是当前一些地方环境问题高发，严重影响人民群众生产生活，成为民生之患、民心之痛。习近平总书记指出，“人民群众关心的问题是什么？是食品安不安全、暖气热不热、雾霾能不能少一点、河湖能不能清一点、垃圾焚烧能不能不有损健康……等等。相对于增长速度高一点还是低一点，这些问题更受人民群众关注”[②]，“人民群众对环境问题高度关注，可以说生态环境在群众生活幸福指数中的地位必然会不断凸显”[③]。民之所望，政之所向。在发展过程中，必须坚持以人民为中心的发展思想，把解决突出生态环境问题作为民生优先选项，不断提高生态环境质量，提供更多优质生态产品，做到生态惠民、生态利民、生态为民，满

---

① 中共中央文献研究室．习近平关于社会主义生态文明建设论述摘编．北京：中央文献出版社，2017：4.

② 同①91-92.

③ 同①83-84.

足人民群众对良好生态环境新期待。

（四）坚持以系统思维推进生态文明建设

生态文明建设是一项贯穿经济、政治、文化、社会建设全过程和融入各方面的系统工程，必须以系统思维考量、以整体观念推进。习近平总书记强调，要全方位、全地域、全过程开展生态文明建设。从生态保护和修复的角度看，必须统筹山水林田湖草沙系统治理。生态是统一的自然系统，是各种自然要素相互依存、紧密联系的有机链条，某一要素遭受不良影响往往会带来其他要素的连锁不良反应。因此，不能头痛医头、脚痛医脚，必须按照生态系统的整体性、系统性及其内在规律，统筹考虑自然生态各要素，进行整体保护、系统修复、综合治理。比如，治理好水污染、保护好水环境，就需要全面统筹左右岸、上下游、陆上水上、地表地下、河流海洋、水生态水资源、污染防治与生态保护，只有这样才能达到系统治理的最佳效果。从统筹推进生态文明建设各项工作的角度看，必须加强部门之间、区域之间、部门与区域之间的协调联动。生态文明建设涉及方方面面，生态环境保护工作也跨部门、跨区域，生态环境领域的“公地悲剧”问题、环境污染的负外部性问题、参与过程的“搭便车”问题、管理职能的分散化和碎片化问题等，都需要通过完善生态环境治理体系和提升治理能力来解决。因此，必须更加注重各项制度之间的关联性、耦合性，防止出现政策、制度、措施相互脱节甚至相互打架、相互掣肘的情况；必须更加注重不同领域之间的分工协作，避免某一个方面拖后腿；必须更加注重不同地区之间的相互配合，防止各自为政、以邻为壑。从处理好当前与长远关系的角度看，必须算大账、算长远账、算整体账、算综合账，不能从一时一地来看生态环境保护和经济发展等问题，不能因小失大、顾此失彼、寅吃卯粮、急功近利。

（五）坚持以最严格的制度、最严密的法治保障生态文明建设

制度和法治具有根本性、长远性。生态文明建设，是一场涉及生产方式、生活方式、思维方式和价值观念的革命性变革，实现这一变革，必须依靠制度和法治。“毋坏室，毋填井，毋伐树木，毋动六畜。有不如令者，死无赦。”周文王颁布的《伐崇令》，被誉为世界上最早的环境保护法令。习近平总书记指出，保护生态环境必须依靠制度、依靠法治。只有实行最严格的制度、最严密的法治，才能为生态文明建设提供可靠保障。近年来，一些地方出现严重破坏生态环境事件，如甘肃祁连山自然保护区生态环境破坏、新疆卡山自然保护区违规“瘦身”、秦岭北麓西安段圈地建别墅等，主要是由于党委政府失职渎职、企业责任不落实造成的，归根到底与体制不健全、制度不严格、法治不严密、执行不到位、惩处不得力有关。因此，要避免类似问题再度发生，必须从根子上解决，做出系统性制度安排，推进生态文明制度建设、法治建设。一是要加快制度创新，增加制度供给，完善制度配套，推动生态文明制度体系更加成熟、更加定型。二是要强化制度执行，坚持严字当头，把制度的刚性和权威牢固树立起来，绝不能让制度、法律成为“没有牙齿的老虎”。要严格落实企业主体责任和政府监管责任，健全环保信用评价、信息强制性披露、严惩重罚等制度，大幅提高违法违规成本，让生态环境违法行为人“得不偿失”。三是要严格用制度管权治吏，有权必有责、有责必担当、失责必追究。要建立健全生态文明建设目标考核制度，实施最严格的考核问责，确保党和国家关于生态文明建设决策部署落地生根见效。

（六）坚持积极主动参与全球生态治理

建设生态文明关乎人类未来。人类只有一个地球，珍爱和呵护地球是人类的唯一选择，保护生态环境是全球面临的共同挑战和共同责任，需要世界各国同舟共济、共同努力，任何一国都无法置身事外、独善其

身。联合国环境规划署将气候变化、生物多样性丧失、环境污染列为地球当前面临的三个全球性危机，需要全球共同行动才能解决上述危机。习近平总书记指出，“国际社会应该携手同行，共谋全球生态文明建设之路，牢固树立尊重自然、顺应自然、保护自然的意识，坚持走绿色、低碳、循环、可持续发展之路”①，“新冠肺炎疫情告诉我们，人与自然是命运共同体。我们要同心协力，抓紧行动，在发展中保护，在保护中发展，共建万物和谐的美丽家园”②，“中国愿同各国一道，共同建设美丽地球家园，共同构建人类命运共同体”③。建设生态文明是我国的自觉行为，也是我国作为负责任大国应承担的国际责任。目前，我国已经成为全球生态文明建设的重要参与者、贡献者、引领者。2021 年 10 月，在我国昆明召开的联合国《生物多样性公约》第十五次缔约方大会上，习近平主席从四个方面提出了构建世界各国共同发展的地球家园的原则：第一，以生态文明建设为引领，协调人与自然关系；第二，以绿色转型为驱动，助力全球可持续发展；第三，以人民福祉为中心，促进社会公平正义；第四，以国际法为基础，维护公平合理的国际治理体系。我们要继续深化国际交流和务实合作，充分借鉴国际上的先进技术和体制机制建设有益经验，积极参与全球生态治理，承担并履行好同发展中大国相适应的国际责任，深入探索人与自然和谐共生之路，促进经济发展与生态保护协调统一，共同构建地球生命共同体，共同建设清洁美丽的世界。

（七）坚持全民共建生态文明

良好生态环境是最公平的公共产品，人人都是受益者，人人也都是

---

① 中共中央党史和文献研究院．十八大以来重要文献选编：中．北京：中央文献出版社，2016：697-698.

② 习近平．在联合国生物多样性峰会上的讲话．人民日报，2020-10-01.

③ 习近平．习近平谈治国理政：第 3 卷．北京：外文出版社，2020：376.

参与者。习近平总书记指出，“生态文明是人民群众共同参与共同建设共同享有的事业，要把建设美丽中国转化为全体人民自觉行动。每个人都是生态环境的保护者、建设者、受益者，没有哪个人是旁观者、局外人、批评家，谁也不能只说不做、置身事外”①，“生态文明建设同每个人息息相关，每个人都应该做践行者、推动者”②。这要求我们弘扬生态文明主流价值观，把生态文明纳入社会主义核心价值体系，加强生态文明宣传教育，增强全民节约意识、环保意识、生态意识，培养生态道德和行为习惯；开展全民绿色行动，将环保融入日常生活，从爱惜每一滴水、节约每一粒粮食做起，从随手关灯、绿色出行等点滴小事做起，反对奢侈浪费和不合理消费，推动形成简约适度、绿色低碳、文明健康的生活方式和消费模式；开展生产方式绿色革命，倒逼生产方式绿色转型，形成全社会共同参与的良好风尚，把建设美丽中国转化为人民群众的自觉、自愿、自为行动。

---

① 习近平．习近平谈治国理政：第3卷．北京：外文出版社，2020：362.

② 中共中央文献研究室．习近平关于社会主义生态文明建设论述摘编．北京：中央文献出版社，2017：122.

第二章　生态文明是中国式现代化的有机构成

现代化是全人类的共同事业。近代以来，西方国家率先完成了现代化的任务，形成了现代化的西方模式，但西方现代化带来的贫富分化、阶级冲突、生态破坏等弊病饱受世界各国批评，且不同国家和民族的历史文化、国土民情千差万别，因此现代化的道路必然也会有所不同。过去几百年来，世界上只有30多个国家、10亿左右人口步入现代化阶段。中国共产党历经百年奋斗，带领广大人民救国、兴国、富国、强国，成功走出了中国式现代化道路。中国式现代化道路创造了经济快速发展和社会长期稳定的"中国奇迹"，实现了发展与保护共赢、人与自然的和谐共生，彰显了"中国特色"的强大生命力和说服力，创造了人类文明新形态，为人类实现现代化提供了新的选择，深刻影响人类历史进程，展现了人类社会现代化的光明前景。

一、"现代化"的概念

习近平总书记在党的二十大报告中指出，中国式现代化，是中国共产党领导的社会主义现代化，既有各国现代化的共同特征，更有基于自己国情的中国特色。要深刻理解中国式现代化的内涵要义，首先就要理解一般意义上的“现代化”的概念，了解现代化的共同特征。

从一般意义上来说，“现代化”是生产力发展的程度化界定，高度概括了工业革命以来世界范围内生产关系和生活方式的变革与变化，这种变革与变化意味着传统社会结构的解体和新的社会形态的生成，即不发达的农业社会向发达的工业社会过渡。在探索现代化的过程中，不同学者从不同角度对“现代化”做了各种不尽相同的阐释和理解，难以形成统一权威的定义，对现代化理论的研究也形成了多种学派。综合分析各学派，对“现代化”的概念和内涵可以从以下几个方面理解。

第一，现代化是一个综合的概念。现代化是一个经济、政治、文化、社会以及人与自然关系各层面有序、和谐和良性发展的集合体，它是较不发达国家或发展中国家为了获得发达的工业社会所具有的一些特点而经历的文化与社会变迁或变革的过程。尽管现代化最初是由西方国家工业革命所引起的发展潮流，但是随着现代化的全球化进程不断深入，它已经超出“西方化”和“工业化”的单一范畴，具有经济、政治、社会、文化、生活方式等多重发展意蕴。现代化包括学术知识的科学化、政治体制的民主化、经济体系的工业化、社会生活的城市化以及文化发展的多样化，是一个不断创新探索求变的发展过程。美国政治思想家、国际政治理论家塞缪尔·P. 亨廷顿曾指出：“现代化是一个多层面的进程，它涉及人类思想和行为所有领域的彻底变革。”[1]

第二，现代化是一个动态的过程。现代化是社会不断进步的变化过程。从历史发展的角度看，现代化都是在不同时间节点上跟随现实世界的物质基础、历史条件、发展状态等方面的发展而发展的。站在百年前的历史视域中去评判，完成了工业化就等于实现了现代化。但从更长远的视域看，现代化的标准和内涵随着社会的发展不断在提升和丰富。世

---

① 亨廷顿．变化社会中的政治秩序．北京：生活·读书·新知三联书店，1989：30.

界著名未来学家托夫勒在其著作《第三次浪潮》中，将世界现代化进程划分为两大阶段。第一个阶段是农业时代向工业时代、农业社会向工业社会、农业文化向工业文化的转变过程，第二个阶段是工业时代向知识时代、工业社会向知识社会、工业文化向知识文化的转变过程。未来学派还详细描述了现代化社会的基本特征，即民主化、法制化、工业化、都市化、均等化、知识科学化、教育普及化，等等。

第三，现代化有多元化的实现模式。纵观各个国家、民族、地区的现代化进程，其普遍表现是受到工业革命的推动，生产力快速发展，社会整体发生重大转变，现代的工业文明逐步确立并取代传统的农业文明。同时，受不同政治制度、民族习俗、文化传统、地域习惯、历史契机、内外因素等影响，各国现代化的时间起点、发展速度、推进路径、方式特点等也各不相同，应该说，各国为了实现现代化走出了不同的发展模式，呈现出了巨大的差异。当然，这其中，有成功实现现代化的，也有在半途徘徊的。实证学派对世界各国现代化的实际历程进行了深入研究，将现代化的模式划分为原发式发展模式、后发式发展模式与新发式发展模式。原发式发展模式是指 18 世纪工业革命后率先实现工业化的英、法、美等国家的模式，其发展的原始动力来自内部，其政治演变是朝着推进工商业发展方向变化的；后发式发展模式是指吸收原发式现代化国家的成功经验与教训，在外部环境倒逼和国内自强改革的挑战中实现现代化的模式，以德、日为代表的后实现现代化的资本主义国家即为此模式；新发式发展模式是指那些现代化具体模式尚未定型、正在迈向现代化方向的第三世界国家的模式。实证学派的划分是众多现代化发展模式研究中的一类，实际上，即便是原发式发展模式的英、法、美，其现代化过程也不尽一致，而是共同性和特殊性交织在一起。

第四，现代化是一个可量化的目标。现代化既是一个发展过程，也是一个发展目标。虽然现代化的进程是动态的、持续变化的，但是在一定时期内，可以依据一定的标准和评价体系来评估现代化的水平、特征和状态，以区分非现代化国家、现代化国家、现代化强国之间的差异，评估各国现代化的推进程度、与实现现代化目标的差距，探寻总结世界现代化进程的基本规律和发展趋势，为各国实现现代化提供战略决策参考。1960 年，欧美和日本学者在日本的箱根举行了“现代日本”国际研讨会，这次会议被认为是“国际上第一次认真而又系统地讨论现代化问题”的会议。这次会议首次提出了现代化的八项标准：人口相对高度集中于城市之中，城市日益成为社会生活的中心；较高程度地使用非生物能源，商品流通和服务设施不断增长；社会成员大幅度地相互交流，且广泛参与经济和政治事务；公社性和世袭性集团普遍瓦解，通过这种瓦解在社会中造成更大的个人社会流动性和更加多样化的个人活动领域；通过个人对其环境的世俗性和日益科学化的选择，广泛普及文化知识；存在一个不断扩展并充满渗透性的大众传播系统；存在大规模的制度，如政府、商业和工业等，在这些制度中科层管理组织不断成长；在一个单元（如国家）控制之下的大量人口不断趋向统一，在一些单元（如国际关系）控制之下的相互影响日益增长。这八项标准主要从人口、商业服务、环境、教育、管理等社会领域来考虑现代化问题，属于从社会学角度提出的现代化标准，作为首次制定的现代化标准，显然不够广泛和具体。在此之后，国际上有不少研究机构和学者提出了不同标准的社会指标体系来量化现代化发展水平。

第五，现代化的本质是人的现代化。马克思、恩格斯在《共产党宣言》中描绘所追求的未来社会“是这样一个联合体，在那里，每个人的自由发展是一切人的自由发展的条件”[①]。人是现代化发展进程中的最基本因素，现代化是一个面向人的科学、有机、缜密的整体，蕴含着自

---

① 马克思，恩格斯．马克思恩格斯选集：第 1 卷．3 版．北京：人民出版社，2012：422.

由、全面、充分与幸福等要素。美国社会学家英克尔斯认为，现代化的关键是人的现代化，现代化的问题是发展人的现代化的问题。“无论哪个国家，只有它的人民从心理、态度和行为上，都能与各种现代形式的经济发展同步前进、相互配合，这个国家的现代化才真正能够得以实现。”[①] 也就是说，只有人的价值观念、心理素质、思维方式得以发展进步，心理和行为都转化为现代人格，才能使以人为基本因素的国家成为现代化国家。习近平总书记曾指出，“现代化的本质是人的现代化”[②]，道出了现代化的根本目的与价值旨归。人与社会在现代化的进程中相互影响、彼此作用，人的现代化是社会整体现代化向前推进的历史前提、基本动力、根本目的、重要标志，社会整体现代化又会影响每个人的观念意识、能力素质、实践形式、社会关系等，促进人向现代化转型进步。

二、中国式现代化的探索实践

建设社会主义现代化强国，实现中华民族伟大复兴，是近代以来中国人民最伟大的梦想，是中华民族的最高利益和根本利益。中国是一个有着 5 000 多年文明史的大国，在历史上曾长期走在世界前列，只是到了近代才由于各种原因落伍了。尤其是鸦片战争之后，在外国列强入侵和封建腐朽统治下，中国错失了工业革命的机遇，大幅落后于时代，中华民族也遭受了前所未有的苦难。从那时起，中国人民和无数仁人志士不屈不挠，苦苦寻求中国现代化之路。梁启超在《新中国未来记》中渴

---

① 英克尔斯．人的现代化：心理・思想・态度・行为．成都：四川人民出版社，1985：5－6.

② 中共中央文献研究室．十八大以来重要文献选编：上．北京：中央文献出版社，2014：594.

望自己的祖国“睡狮破浓梦，病国起沉疴”。孙中山先生在《建国方略》中描绘：建设160万公里公路、约16万公里铁路、3个世界级大海港、三峡大坝……《建国方略》被称为近代中国谋求现代化的第一份蓝图。同时，“中体西用论”“西化论”“中西互补论”等思潮不断兴起，“实业救国”“教育救国”“科学救国”等主张不断涌现。但是，在半殖民地半封建社会的条件下，中国现代化没有也不可能取得成功。

1921年，中国共产党诞生了，这是开天辟地的大事变，从此中国人民求解放、谋发展就有了主心骨。习近平总书记深刻指出，中国共产党建立百年来，团结带领中国人民所进行的一切奋斗，就是为了把我国建设成为现代化强国，实现中华民族伟大复兴。新民主主义革命的胜利，新中国的成立，彻底结束了旧中国半殖民地半封建社会的历史，为推进现代化建设、实现中华民族伟大复兴创造了根本社会条件。

新中国成立后，面对“一辆汽车、一架飞机、一辆坦克、一辆拖拉机都不能造”的百业待举局面，毛泽东同志提出，“我国人民应该有一个远大的规划，要在几十年内，努力改变我国在经济上和科学文化上的落后状况，迅速达到世界上的先进水平”[①]，我们的任务“就是要安下心来，使我们可以建设我们国家现代化的工业、现代化的农业、现代化的科学文化和现代化的国防”[②]。他还警示，如果搞得不好就会被开除“球籍”。1954年，周恩来同志在第一届全国人民代表大会上所做的《政府工作报告》中指出：“如果我们不建设起强大的现代化的工业、现代化的农业、现代化的交通运输业和现代化的国防，我们就不能摆脱落后和贫困，我们的革命就不能达到目的。”1964年，周恩来同志在第三届全国人民代表大会上所做的《政府工作报告》中提出：“从第三个五

---

① 毛泽东．毛泽东文集：第7卷．北京：人民出版社，1999：2.

② 毛泽东．毛泽东文集：第8卷．北京：人民出版社，1999：162.

年计划开始，我国的国民经济发展，可以按两步来考虑：第一步，建立一个独立的比较完整的工业体系和国民经济体系；第二步，全面实现农业、工业、国防和科学技术的现代化，使我国经济走在世界的前列。”但是，由于后来发生了“文化大革命”，当时提出的四个现代化建设没有完全展开。尽管如此，从1949年到1978年，中国共产党领导人民在旧中国一穷二白的基础上建立了独立的、比较完整的工业体系和国民经济体系，社会主义建设事业迈出了坚实步伐。

进入改革开放和社会主义现代化建设新时期，邓小平同志根据新的实际和历史经验确立了我国实现社会主义现代化的正确道路，提出“三步走”战略，即到20世纪80年代末解决人民温饱问题，到20世纪末使人民生活达到小康水平，到21世纪中叶基本实现现代化，达到中等发达国家水平。1979年12月6日，邓小平同志首次提出“中国式现代化”概念。他在会见日本首相大平正芳时指出：“我们要实现的四个现代化，是中国式的四个现代化。我们的四个现代化的概念，不是像你们那样的现代化的概念，而是‘小康之家’。”1983年，他在会见参加北京科学技术政策讨论会的外籍专家时指出：“我们搞的现代化，是中国式的现代化。我们建设的社会主义，是有中国特色的社会主义。”① 他还强调：“我们从八十年代的第一年开始，就必须一天也不耽误，专心致志地、聚精会神地搞四个现代化建设。”“我们党在现阶段的政治路线，概括地说，就是一心一意地搞四个现代化。这件事情，任何时候都不要受干扰，必须坚定不移地、一心一意地干下去。”改革开放以来，党的历次全国代表大会，都对推进社会主义现代化建设做出战略部署。进入21世纪后，在人民生活总体上达到小康水平之后，我们党又提出，到建党100年时全面建成惠及十几亿人口的更高水平的小康社会，然后

① 邓小平．邓小平文选：第3卷．北京：人民出版社，1993：29.

再奋斗 30 年，到新中国成立 100 年时，基本实现现代化，把我国建成社会主义现代化国家。在这一时期的实践探索中，我国取得了加快实现现代化、巩固和发展社会主义等一系列重大成果，极大推进了社会主义现代化建设的历史进程。

党的十八大以来，中国特色社会主义进入新时代，中华民族迎来了从站起来、富起来到强起来的伟大飞跃。在这个新的更高的历史起点上，围绕如何全面建设社会主义现代化这一重大问题，以习近平同志为核心的党中央做出了“两步走”的战略安排，提出从 2020 年到本世纪中叶，在全面建成小康社会的基础上，分两步走全面建成社会主义现代化强国，即到 2035 年基本实现社会主义现代化，到本世纪中叶把我国建成富强民主文明和谐美丽的社会主义现代化强国。新时代“两步走”战略安排，把基本实现现代化的时间提前了 15 年，提出了全面建成社会主义现代化强国这一更高目标，丰富了“两个一百年”奋斗目标的内涵，发出了实现中华民族伟大复兴中国梦的最强音。新时代这十年，在以习近平同志为核心的党中央的带领下，在全国人民的共同奋斗下，党和国家事业取得了历史性成就、发生了历史性变革。我国经济实力、科技实力、综合国力和人民生活水平跃上了新的大台阶，我国成为世界第二大经济体、第一大工业国、第一大货物贸易国、第一大外汇储备国。国内生产总值超过 110 万亿元，占世界经济比重超过 18%；城镇化率超过 60%，中等收入群体超过 4 亿人，是全球中等收入群体规模最大的国家；建成世界上规模最大的教育体系、社会保障体系和医疗卫生体系，基本医疗保险覆盖 13.6 亿人，基本养老保险覆盖超过 10 亿人，人均预期寿命提高到了 78.2 岁。特别是组织实施了人类历史上规模最大、力度最强的脱贫攻坚战，全国 832 个贫困县全部摘帽，12.8 万个贫困村全部出列，现行标准下 9 899 万贫困人口全部脱贫，提前 10 年实现联合国 2030 年可持续发展议程减贫目标，历史性地解决了绝对贫困问题，创造了人类减贫史上的奇迹。打赢脱贫攻坚战、全面建成小康社会，如期实现第一个百年奋斗目标，为我国进入新发展阶段、朝着全面建成社会主义现代化强国的第二个百年奋斗目标进军奠定了坚实基础。

从一穷二白发展成世界第二大经济体，从落后的农业国发展为世界第一制造业大国，从温饱不足迈向全面小康，从“工业化”“四个现代化”、现代化“三步走”战略到“两个一百年”奋斗目标、全面建成社会主义现代化强国“两步走”战略安排……一代又一代中国共产党人，胸怀实现现代化的历史宏愿，团结带领人民成功创造了中国式现代化新道路。习近平总书记深刻指出：“我们党领导人民不仅创造了世所罕见的经济快速发展和社会长期稳定两大奇迹，而且成功走出了中国式现代化道路，创造了人类文明新形态。”① “进入新时代以来，党对建设社会主义现代化国家在认识上不断深入、战略上不断成熟、实践上不断丰富，成功推进和拓展了中国式现代化。”② 实践表明，中国式现代化道路是中国共产党和中国人民坚持“走自己的路”的宝贵成果，既扎根中国大地，切合中国实际，体现了社会主义建设规律，又体现了人类社会发展规律，这条现代化道路，不仅走得对、走得通，而且一定能够走得稳、走得好。我们要坚定不移推进中国式现代化，以中国式现代化全面推进中华民族伟大复兴，不断为人类社会发展做出新的更大贡献。

三、中国式现代化的中国特色和本质要求

中国式现代化道路是中国共产党带领中国人民在长期历史实践中形

---

① 习近平．以史为鉴、开创未来，埋头苦干、勇毅前行．求是，2022（1）．

② 习近平在参加党的二十大广西代表团讨论时强调 心往一处想劲往一处使推动中华民族伟大复兴号巨轮乘风破浪扬帆远航．人民日报，2022-10-18．

成的、独具中国特色的发展模式，是人类现代化发展的文明新形态与新模式。习近平总书记在多个场合提到“中国式现代化”这一重大概念，在党的二十大报告中对“中国式现代化”做了全面深入系统的阐释，形成了完整的理论体系。这是中国共产党自十八大以来在理论和实践上的又一创新突破，必将为人类对现代化道路的探索做出新的贡献。

中国式现代化的中国特色主要体现为中国式现代化的五大重要特征，即中国式现代化是人口规模巨大的现代化，是全体人民共同富裕的现代化，是物质文明和精神文明相协调的现代化，是人与自然和谐共生的现代化，是走和平发展道路的现代化。党的二十大报告对这五大特征进行了深入阐释。

关于人口规模巨大的现代化，报告指出，我国 14 亿多人口整体迈进现代化社会，规模超过现有发达国家人口的总和，艰巨性和复杂性前所未有，发展途径和推进方式也必然具有自己的特点。我们始终从国情出发想问题、做决策、办事情，既不好高骛远，也不因循守旧，保持历史耐心，坚持稳中求进、循序渐进、持续推进。

关于全体人民共同富裕的现代化，报告指出，共同富裕是中国特色社会主义的本质要求，也是一个长期的历史过程。我们坚持把实现人民对美好生活的向往作为现代化建设的出发点和落脚点，着力维护和促进社会公平正义，着力促进全体人民共同富裕，坚决防止两极分化。

关于物质文明和精神文明相协调的现代化，报告指出，物质富足、精神富有是社会主义现代化的根本要求。物质贫困不是社会主义，精神贫乏也不是社会主义。我们不断厚植现代化的物质基础，不断夯实人民幸福生活的物质条件，同时大力发展社会主义先进文化，加强理想信念教育，传承中华文明，促进物的全面丰富和人的全面发展。

关于人与自然和谐共生的现代化，报告指出，人与自然是生命共同体，无止境地向自然索取甚至破坏自然必然会遭到大自然的报复。我们坚持可持续发展，坚持节约优先、保护优先、自然恢复为主的方针，像保护眼睛一样保护自然和生态环境，坚定不移走生产发展、生活富裕、生态良好的文明发展道路，实现中华民族永续发展。

关于走和平发展道路的现代化，报告指出，我国不走一些国家通过战争、殖民、掠夺等方式实现现代化的老路，那种损人利己、充满血腥罪恶的老路给广大发展中国家人民带来深重苦难。我们坚定站在历史正确的一边、站在人类文明进步的一边，高举和平、发展、合作、共赢旗帜，在坚定维护世界和平与发展中谋求自身发展，又以自身发展更好维护世界和平与发展。

报告还提出了中国式现代化的本质要求，即坚持中国共产党领导，坚持中国特色社会主义，实现高质量发展，发展全过程人民民主，丰富人民精神世界，实现全体人民共同富裕，促进人与自然和谐共生，推动构建人类命运共同体，创造人类文明新形态。

二十大报告对“中国式现代化”的系统论述，清晰地向全世界展示了中国实现现代化的发展道路。作为一个发展中国家，中国用几十年时间走完了发达国家几百年走过的工业化历程，实现全面脱贫、小康梦想成真，创造了一个个经济社会发展奇迹，从“现代化的迟到国”转变为“世界现代化的增长极”。中国式现代化的成功实践以不可辩驳的方式告诉世界，通往现代化的道路不止一条。每一个国家和民族不仅有权利，更有可能从各自的实际出发，走出一条适合自身国情的现代化之路。

回顾历史，由于现代化发轫于西方，西方率先完成现代化的任务，形成了现代化的西方模式，走出了现代化的西方道路。因此，长期以来，现代化的话语体系被西方所把持，现代化等同于西方现代化、现代文明等同于西方文明、现代社会等同于资本主义社会等观点一度盛行，似乎后发现代化国家要实现现代化就必须遵循西方现代化道路。但由于不同国家历史文化与国情存在差异，现代化的道路必然会有所不同。一些非西方国家照搬西方现代化模式，反而迷失了自己，陷入发展陷阱。习近平总书记深刻指出：“现代化道路并没有固定模式，适合自己的才是最好的，不能削足适履。每个国家自主探索符合本国国情的现代化道路的努力都应该受到尊重。”“世界上既不存在定于一尊的现代化模式，也不存在放之四海而皆准的现代化标准。”中国式现代化，摒弃了西方以资本为中心的现代化、两极分化的现代化、物质主义膨胀的现代化、对外扩张掠夺的现代化老路，是在吸收人类一切有益成果包括西方现代化经验教训基础上对西方现代化道路的超越，改变了长期以来西方现代化模式占主导地位并垄断话语权的格局，展现了现代化道路的多样性，增强了世界各国对走独立自主发展道路的决心和信心，对世界现代化进程产生了重要影响。

四、中国式现代化是人与自然和谐共生的现代化

党的二十大报告明确指出，“中国式现代化是人与自然和谐共生的现代化”，阐明人与自然和谐共生的现代化是中国式现代化的重要特征之一，促进人与自然和谐共生是中国式现代化的本质要求。实际上，早在 2017 年党的十九大上，习近平总书记就在报告中强调：“我们要建设的现代化是人与自然和谐共生的现代化，既要创造更多物质财富和精神财富以满足人民日益增长的美好生活需要，也要提供更多优质生态产品以满足人民日益增长的优美生态环境需要。”党的十九大报告还把“坚持人与自然和谐共生”作为新时代坚持和发展中国特色社会主义的基本方略之一。这充分说明加强生态文明建设、推进人与自然和谐共生的现代化在中国式现代化中的重要地位，同时表明了中国共产党对人类社会发展规律和社会主义建设规律的深刻把握。对此，我们可以从以下几点理解。

第一，从人类发展历史看，生态兴则文明兴，生态衰则文明衰，人与自然和谐共生是人类社会可持续发展的必然选择。自从人类社会产生之后，生态就不再仅仅是一种自然存在，而是随着人与自然关系变化而变化的自然与社会综合体的存在。一部人类文明史就是人与自然关系的发展史。习近平总书记指出，“人与自然是生命共同体”，这个生命共同体决定了人与自然和谐共生则存，冲突对立则亡。人类社会发展历史告诉我们，生态环境变化直接影响文明兴衰演替。在世界四大文明古国中，古巴比伦、古埃及、古印度的文明都曾中断过，唯有中华文明有国有史传承至今，这在世界上是独一无二的。为什么这四个地方是人类文明发源地？因为这四个地方曾经都是森林茂密、水量丰沛、田野肥沃的地区。古巴比伦（位于西亚，今地域属伊拉克）发源于两河流域，古埃及（位于西亚及北非交界处，今地域属埃及）发源于尼罗河流域，古印度（位于南亚，地域范围包括今印度、巴基斯坦等国）发源于印度河流域，古代中国发源于黄河流域。正是先有了“生态兴”，当地人民才创造出了灿烂文化，实现了“文明兴”。古巴比伦、古埃及、古印度的文明之所以会湮灭，一个重要原因就是当地的生态环境恶化了，生态衰则文明衰。恩格斯曾在《自然辩证法》中写道：“美索不达米亚、希腊、小亚细亚以及其他各地的居民，为了得到耕地，毁灭了森林，但是他们做梦也想不到，这些地方今天竟因此而成为不毛之地，因为他们使这些地方失去了森林，也就失去了水分的积聚中心和贮藏库。”这个美索不达米亚就是由发源于小亚细亚山地的两大河流——幼发拉底河和底格里斯河冲积而成的肥沃平原，在这里产生了古巴比伦文明。公元前4000年，苏美尔人和阿卡德人在幼发拉底河和底格里斯河流域发展灌溉农业。由于幼发拉底河高于底格里斯河，人们很容易就能用幼发拉底河的水灌溉农田，然后灌溉水排入底格里斯河，最后流入大海。良好的生态系统带来了发达的农业，农业的发展又带来了繁荣昌盛，人们在两河流域建立了宏伟的城邦，形成了古巴比伦文明。然而，从公元前500多年开始，古巴比伦文明逐渐走向毁灭，并被埋藏在沙漠下，变成了历史遗迹。地理学家和生态学专家认为，古巴比伦文明衰落的根本原因是不合理的灌溉。由于古巴比伦人对森林的破坏，加之地中海的气候因素，致使河道和灌溉沟渠严重淤塞。为此，人们不得不重新开挖新的灌溉渠道，而这些灌溉渠道使用一段时间后又开始淤积。如此恶性循环，使得水越来越难以流入农田。一方面，森林和水系的破坏，导致土地荒漠化、沙化；另一方面，古巴比伦人只知道引水灌溉，不懂得如何排水洗田。由于缺少排水系统，致使美索不达米亚平原地下水位不断上升，给这片沃土罩上了一层又厚又白的“盐”外套，使淤泥和土地盐渍化。生态的恶化，终于使古巴比伦葱绿的原野渐渐褪色，高大的神庙和美丽的花园也随着马其顿征服者的重新建都和人们被迫离开家园而坍塌，古巴比伦文明因此而湮灭。

从中华民族的历史看，奔腾不息的黄河、长江是中华民族的摇篮，哺育了中华文明，总体保持相对良好的生态环境也维系了中华文明数千年的绵延不断。早在上古时期，黄河流域就是华夏先民繁衍生息的重要家园。在石器时代，就形成了中国最早的新石器文明，比如蓝田文明、半坡文明出现在黄河支流渭河，龙山文明出现在山东半岛，等等。大约在4 000多年前，黄河流域内形成了一些血缘氏族部落，其中以炎帝、黄帝两大部族最强大。后来，黄帝取得盟主地位，并融合其他部族，形成“华夏族”。世界各地的炎黄子孙都把黄河流域当作中华民族的摇篮，称黄河为“母亲河”，为“四渎之宗”，视黄土地为自己的“根”。中华文明上下5 000多年，在长达3 000多年的时间里，黄河流域一直是全国政治、经济和文化中心。黄河丰富的水源、优良的耕种条件、集聚的人口，使黄河流域的发展长期领先于南方。但从战国时期开始，由于人为的影响和干预，如毁林开荒、乱砍滥伐，黄河流域的生态环境开始遭到破坏，黄河从汉代开始发生大规模的改道、泛滥，在之后的2 000多年，黄河改道、泛滥日益频繁，“三年两决口、百年一改道”，呈现出“善淤、善徙、善决”的特点。生态环境恶化以及战乱等因素，严重制约了黄河流域的发展，这也导致中国的经济中心逐步向东、向南转移。黄河流域的兴衰变迁生动诠释了“生态兴则文明兴”的发展规律。

楼兰文明的消亡也是一个典型案例。古代一度辉煌的楼兰文明已被埋藏在万顷流沙之下，当年那里曾经是一块水草丰美之地。2 100多年前就已见诸文字的古楼兰王国，是丝绸之路上中国、波斯、印度、叙利亚和罗马帝国之间的贸易中转站，当时曾是世界上开放、繁华的“大都市”之一。公元500年左右，古楼兰王国一夜之间在中国史册上神秘消失。对楼兰古国的消亡，学术界有各种说法。美国地理探险家亨廷顿1905年率探险队到楼兰古城遗址所在的我国新疆巴音郭楞蒙古自治州若羌县罗布泊西岸进行探险觅宝，他认为，由于气候干旱导致降水量减少了30%，古楼兰人被迫大批迁移。英国探险家斯坦因认为，古楼兰王国的消亡与降水量无关，而是高山冰川萎缩，河流水量减少所致。中国科学院新疆生态与地理研究所的陈汝国研究员认为，古楼兰王国消亡的关键原因还是由于河流来水日趋减少而导致的自然环境恶化。中国科学院兰州沙漠冻土研究所的夏训诚研究员考证认为，古楼兰王国的消亡是政治、经济和自然条件变化的综合反映。从学术界的研究可以看出，生态环境的恶化是其消亡的主要原因。

塞罕坝生态文明的重新兴起也是一个典型案例。2021年8月23日，习近平总书记到河北省塞罕坝机械林场考察时强调：“塞罕坝林场建设史是一部可歌可泣的艰苦奋斗史。你们用实际行动铸就了牢记使命、艰苦创业、绿色发展的塞罕坝精神，这对全国生态文明建设具有重要示范意义。抓生态文明建设，既要靠物质，也要靠精神。要传承好塞罕坝精神，深刻理解和落实生态文明理念，再接再厉、二次创业，在实现第二个百年奋斗目标新征程上再建功立业。”塞罕坝位于河北省承德市围场满族蒙古族自治县内。“塞罕”是蒙语，意为“美丽”；“坝”是汉语，意为“高岭”。塞罕坝自古就是一处水草丰沛、森林茂密、禽兽繁集的天然名苑，在我国的辽、金时期，被称作“千里松林”，清朝曾在此设立“木兰围场”。随着清王朝的衰落，清政府在同治二年（1863年）开围放垦，随之森林植被被破坏，后来又遭日本侵略者的掠夺采伐和连年山火，千里松林被采伐殆尽，到解放初期，呈现“飞鸟无栖树，黄沙遮天日”的荒凉景象。从1962年起，为了阻隔黄沙蔓延，一批建设者在此建立林场，艰苦奋斗近60年，造林100多万亩，“创造了荒原变林海的人间奇迹”。如今的塞罕坝森林覆盖率达到80%以上，区域森林生态系统已恢复，飞禽走兽出没，一派鸟语花香，形成了京津绿色生态屏障，创造了生态产业和社会就业，成就了一方生态文明。据中国林科院核算评估，塞罕坝机械林场森林资产总价值超过200亿元。塞罕坝成为世界生态文明建设史上的典型代表，2017年中国塞罕坝林场建设者荣获联合国环保最高荣誉——“地球卫士奖”。颁奖理由是：“他们将荒地变成了绿色的天堂。”

古今中外的无数史实都雄辩地证明，“生态兴则文明兴，生态衰则文明衰”。“人与自然是一种共生关系，对自然的伤害最终会伤及人类自身”，这是人类社会发展的一条铁的定律。这条铁律要求我们在推进中国式现代化建设、实现中华民族伟大复兴的道路上，必须坚持尊重自然、顺应自然、保护自然，必须遵从自然生态演变和经济社会发展的客观规律，同步推进物质文明建设和生态文明建设，走生产发展、生活富裕、生态良好的文明发展道路，实现人与自然和谐共生，确保中华民族永续发展。

第二，从我国国家性质看，加强生态文明建设、实现人与自然和谐共生是建设社会主义现代化国家、实现中华民族伟大复兴的必然要求。

我国是社会主义国家，我们党是为人民服务、以人民为中心的党，建设社会主义现代化国家、实现中华民族伟大复兴的中国梦把国家的追求、民族的向往、人民的期盼融为一体，体现了中华民族和中国人民的整体利益。习近平总书记多次强调，实现中华民族伟大复兴中国梦的本质是国家富强、民族振兴、人民幸福；人民是中国梦的主体，是中国梦的创造者和享有者。实现中华民族伟大复兴，不是哪一个人、哪一部分人的梦想，而是全体中国人民的共同追求；中国梦的实现，不是成就哪一个人、哪一部分人，而是造福全体人民。因此，中国梦的深厚源泉在于人民，中国梦的根本归宿也在于人民，中国梦只有同中国人民对美好生活的向往相结合才能够最终实现。习近平总书记强调，现代化的本质是人的现代化。人民不仅是现代化的建设者，而且是现代化的享用者。进入新时代，我国社会主要矛盾已经转化为人民日益增长的美好生活需要和不平衡不充分的发展之间的矛盾。人民日益增长的优美生态环境需要与生态环境污染之间的矛盾，是新的社会主要矛盾在生态文明建设领域的具体表现。人民群众过去是“盼温饱”，现在是“盼生态”；过去是“求生存”，现在是“求生态”。人民群众期盼天更蓝、山更绿、水更清、环境更优美。假如这一矛盾没有解决好，我们就不能说建成了社会主义现代化国家、实现了人民的现代化，就不能说满足了人民群众对美好生活的向往。试想，假如若干年后，我国经济总量再次迈上一个新的台阶，但生态赤字不断扩大，生态环境继续恶化，人民群众哪有幸福可言？因此，必须解决好这一矛盾。从根本上说，就是要加强生态文明建设，建设人与自然和谐共生的现代化。

虽然近年来我国生态文明建设取得了历史性成就，但还有不少难关要过，不少硬骨头要啃，不少顽瘴痼疾要治，形势仍然十分严峻。一是我国环境容量有限，生态系统脆弱，污染重、损失大、风险高的生态环境状况还没有根本扭转，并且独特的地理环境加剧了地区间的不平衡。

目前，我国“胡焕庸线”（中国地理学家胡焕庸在1935年提出的划分我国人口密度的对比线）东南方43%的国土，居住着全国94%左右的人口，以平原、水网、低山丘陵和喀斯特地貌为主，生态环境压力巨大；该线西北方57%的国土，供养着大约全国6%的人口，以草原、戈壁、沙漠、绿洲和雪域高原为主，生态系统非常脆弱。二是当前我国生态文明建设仍处于压力叠加、负重前行的关键期，保护与发展的长期矛盾和短期问题交织，生态环境保护结构性、根源性、趋势性压力总体上尚未根本缓解，最突出的是“三个没有根本改变”，即以重化工为主的产业结构、以煤为主的能源结构和以公路货运为主的运输结构没有根本改变，资源环境承载能力已经达到或者接近上限的状况没有根本改变，生态环境事件多发频发的高风险态势没有根本改变。三是区域性、结构性污染问题依然突出，生态环境质量从量变到质变的拐点尚未到来。重污染天气时有发生，部分地区臭氧成为影响优良天数比率的制约因素。少数地区水环境质量改善程度不高，城市黑臭水体长治久清还需持续推进，农业农村污水治理亟待加强，土壤污染风险管控压力大。并且，随着生态环境质量改善的边际效应不断递减，生态环境进一步改善的难度也逐步加大。这些现实难题都要求我们保持加强生态文明建设的战略定力，统筹推进经济建设、政治建设、文化建设、社会建设、生态文明建设，坚持方向不变、力度不减、久久为功，努力建设人与自然和谐共生的现代化，不断满足人民群众日益增长的优美生态环境需要。

第三，从理论渊源看，“人与自然和谐共生”生态观是马克思主义基本原理同中国生态文明建设实践相结合、同中华优秀传统生态文化相结合的创新成果。人与自然的关系是人类社会最基本的关系，是马克思主义基础理论的观点，也是中华优秀传统文化的重要内容。在创立马克思主义的过程中，马克思、恩格斯发现了在世界演化的过程中，以劳动实践为基础和中介，人与自然之间形成的不可分割的有机联系，开启了人与自然关系思想的科学之路。马克思主义认为“人靠自然界生活”，自然不仅给人类提供了生活资料来源，而且给人类提供了生产资料来源。自然物构成人类生存的自然条件，人类在同自然的互动中生产、生活、发展。马克思曾指出，“人本身是自然界的产物，是在自己所处的环境中并且和这个环境一起发展起来的”，“我们连同我们的肉、血和头脑都是属于自然界，存在自然界的”。他还强调，“自然界，就它自身不是人的身体而言，是人的无机的身体”。人类善待自然，自然也会馈赠人类，但“如果说人靠科学和创造性天才征服了自然力，那么自然力也对人进行报复”。马克思主义关于人与自然、生产和生态的辩证统一关系的认识，是我国“人与自然和谐共生”生态观的理论支撑，也为我国生态文明建设提供了重要方法论指导。

在人类社会的发展进程中，文化始终是一个民族的灵魂，文化长存则精神不死、民族永续。中华民族传承千年而不断，历经磨难而不衰，就是因为中华优秀传统文化把中华民族全体成员凝聚成一个统一的有机整体，在忧患中凝心聚力，使之始终不屈不挠并屹立于世界民族之林。在 5 000 多年的发展历程中，中华民族创造了无比灿烂辉煌的中华文化，为推动人类文明进步做出了不可磨灭的重大贡献。这其中，中国古人从农业生产和社会环境出发，观察天地变化、自然万物生长，发展出优秀的生态文化，推动中国成就了农耕文明的辉煌。习近平总书记指出：“中华民族向来尊重自然、热爱自然，绵延 5 000 多年的中华文明孕育着丰富的生态文化。”比如，儒家“天人合一”“天地与我并生，而万物与我为一”“万物并育而不相害”的理念，强调人与自然的统一性，人与天地和自然界的万物不仅是平等的，而且是相融合并合为一体的。道家提倡“人法地，地法天，天法道，道法自然”，认为“法自然”是一切事物运行的不变法则，如果不“法自然”，就是自掘坟墓，自取灭亡。佛教的“众生平等”体现了对自然万物生命平等的追求……这些质朴睿智的观点启迪世人，人与自然不是主体与客体、征服与被征服的关系，而是相互依存、有机统一的共同体关系；教育世人要尊重自然规律，学会与自然和谐共处。这些中华优秀传统生态文化思想已经深深印刻到中国人的基因中，至今依然熠熠生辉，为当今世界破解生态危机、走出发展困境提供了思路和方向。

中国共产党是马克思主义自然观、生态观的忠诚信仰者和实践者，也是中华优秀传统生态文化的自觉传承者和弘扬者。我们党从中国生态文明建设的客观实际和丰富实践出发，既继承和创新了马克思主义自然观、生态观，又对中华优秀传统生态文化进行了“创造性转化、创新性发展”，赋予其新的时代内涵和现代表达形式，形成了“人与自然和谐共生”生态观，并指引我们把生态文明建设放在更加突出的位置，成功走出一条人与自然和谐共生的现代化道路。

五、西方生态现代化理论对中国生态文明建设的启示

工业化使人类社会物质财富有了极大增长，人类生活质量有了显著提升，但与此同时，人类社会对自然界的破坏也达到了前所未有的程度。现代化繁荣发展的背后，是人与自然的矛盾空前激化，全球变暖、大气污染、环境恶化、生物多样性丧失、资源短缺、新兴疾病流行等问题不断涌现。全球性的生态危机不仅严重阻碍了经济社会的发展，甚至对人类的生存和发展造成了威胁。基于此，人类开始反思和批判自己的行为，并积极探索保护环境和经济社会发展共赢的办法，力图找到一条可持续的现代化发展道路。由此，从20世纪80年代起，国际理论界和学术界掀起了研究生态现代化的浪潮，试图借助生态现代化理论来解决现代化发展与生态危机之间的矛盾，并指导推动生态现代化的实践。

（一）西方生态现代化的理论基础

事实上，早在生态现代化理论出现前，西方国家就在不同的发展阶段中，对环境问题从不同角度进行了研究，形成了不同的观点、理念，为西方生态现代化理论的形成和发展提供了理论基础，主要有以下四个方面。

生态现代化理论是对可持续发展理念的补充和发展。可持续发展理念是人们基于对过往反生态行为的反思以及对现实和未来的担忧而提出的新的发展理念。这一理念最早是在1972年斯德哥尔摩联合国人类环境研讨会上被正式提出。1987年，世界环境与发展委员会的报告《我们共同的未来》将可持续发展定义为："既能满足当代人的需要，又不对后代人满足其需要的能力构成危害的发展。"可持续发展着重强调了生态可持续、经济可持续、社会可持续三者的统一以及发展的代际公平。生态现代化理论与可持续发展理念具有紧密联系，二者的理论目标都是为了构建一个具有高度发达的经济水平、稳定和谐的社会氛围、景色宜人的生态环境以及较高素质的人类的理想社会，促进经济、社会和生态三者效益的有机统一。可以说，可持续发展是生态现代化过程的行动纲领，也是生态现代化的终极目标；而生态现代化则是实现可持续发展的手段和路径。二者相比较而言，可持续发展理念的理论性更强，而生态现代化理论则具备更强的实践性。

生态现代化理论深受生态学马克思主义和生态社会主义这两种理论的影响。生态学马克思主义产生于20世纪60年代，这一理论旨在将马克思主义的基本原理及批判功能与人类面临的日益严峻的生态问题相结合，寻找一种能够指导解决生态问题及人类自身发展问题的"双赢"理念。生态学马克思主义以生态效益为核心价值，以人与自然的和谐关系为追求目标，通过环保运动和绿党而付诸政治实践，对西方社会产生了广泛而深刻的影响。生态社会主义是生态学马克思主义的发展。20世纪70年代，在德国兴起了左翼社会思潮——生态社会主义。生态社会主义理论将生态学同马克思主义相结合，用马克思主义理论来解释生态环境危机问题，从而找到一条既能消除生态危机又能实现社会主义的新型发展道路。作为绿色思潮，生态学马克思主义和生态社会主义在西方社会有着广泛的群众基础和较高的影响力，它们的理论存在许多共通之处：一是认为人类社会与自然系统应当和谐共生。二是认为生态危机的根源是资本主义私有制。环境问题出现的原因并不是工业化进程和人的落后观念，其根源在于资本主义私有制。生态危机是资本主义逐利性的生产方式和全球化不断扩张所导致的必然结果。资本主义追逐利润和过度消费使得资本主义社会市场需求日益膨胀，超过自然环境所能承受的极限，从而加重自然界的负担，导致生态失衡，引发生态危机。生态学马克思主义和生态社会主义为生态现代化理论提供了思想先导，推动了生态现代化理论的进一步发展。

生态现代化理论是“生存危机论”的反思。20世纪60年代末到80年代初是“生存危机论”盛行的时期。“生存危机论”以蕾切尔·卡逊《寂静的春天》、“罗马俱乐部”经典之作《增长的极限》的观点为主要代表。这一理论认为，地球的承载能力是极其有限的，假如经济社会的增长和扩张没有节制，人类的过度开发便会使地球的承载系统陷入危险境地。因此，“除非发生根本性变革，现代类型的发展与增长将不可避免地导致生态崩溃”①。资本主义逐利性的生产方式、奢靡的生活方式以及铺张浪费的消费方式被认为是生态危机产生的根本原因，因此必须转变旧的发展方式以避免生态环境走向无法挽回的局面。“生存危机论”引起人们对保护生态环境的重视，但这种观点过于悲观，既低估了人类协调自身行为的能力，也忽视了科学技术对人类经济活动和生态保护的

① 郇庆治．生态现代化理论与绿色变革．马克思主义与现实，2006（2）．

巨大影响。生态现代化理论在反思“生存危机论”的基础上提出了解决环境问题的新思路，将关注的重点从末端治理转向预防性措施、颁布和实施严格的环境政策法规，等等。生态现代化理论用积极的话语和态度来面对生态危机，解开了捆绑人们已久的悲观主义枷锁。

生态现代化理论对“技术决定论”进行了扬弃。“技术决定论”是20世纪70年代以前关于技术发展理论中最具影响力的流派，它的理论建立在两个重要的原则基础之上：第一，技术是独立于社会之外的因素，是按照其自身的逻辑和规律自主发展的；第二，技术是决定社会发展的关键因素，技术的发展和进步决定社会的变迁。从程度上划分，“技术决定论”可以分为“强技术决定论”和“弱技术决定论”。“强技术决定论”是一种极端理论，认为技术是社会进步和发展的唯一决定因素，否认或低估了社会因素对于技术发展的制约性作用。“弱技术决定论”主张技术源于社会又服务于社会，技术与社会之间相互作用和影响。根据对技术发展前景的态度，可以将“技术决定论”区分为技术乐观主义和技术悲观主义。技术乐观主义相信技术能够解决一切问题，能给人类的幸福生活带来更可靠的保障；技术悲观主义认为科学技术在其本质上具有一种非人道的价值取向，会给人类社会带来灭顶之灾。客观来看，科学技术的进步在现代化进程中不断地提高社会生产率、改善人类生活质量、解放人类思想。只要把握好技术运用的正确方向，就能够使技术始终为人类的美好生活服务，不断推进社会的合理变革。生态现代化理论是对“技术决定论”的一种扬弃，它摒弃了“以技术为中心来控制人和物”的论断，继承和发展了将技术作为促进社会发展的有效方式和手段的思想，倡导利用技术创新来提高资源使用效率、推动高效清洁生产，从而实现经济、社会和环境和谐发展。

（二）西方生态现代化理论的主要观点

生态现代化理论是一个非常有活力和不断发展的思想流派，虽然已经有几十年的发展历史，但迄今仍然没有形成清晰统一的定义。在发展过程中，西方学者从不同的学科和角度对生态现代化进行了理论建构，形成了丰富的生态现代化理论，并产生了不同的流派。

一是技术创新理论。德国学者约瑟夫·胡伯在《生态现代化原理与方法》一书中最早提出生态现代化的概念。他的主要观点是：第一，认为生态现代化的核心要素是技术创新，其实现途径是通过研究、开发和推广更加有效的新技术来代替以往以“末端治理”为主的旧技术。第二，强调市场的重要作用，认为市场会对技术的发展方向产生极大影响。第三，改变了以往政府在生产和消费过程中起主导作用的观点，认为政府会阻挠创新过程，生态现代化进程中若掺杂着政府干预，那么从长远多角度来看，会造成反生产性。第四，忽视环境运动，认为环境运动对于推动工业社会朝着生态化方向转型发展的作用微乎其微。第五，关注自然要素的价值以及自然与技术的关系，将自然资源视为除了劳动和资本之外的重要生产要素，赋予自然资源经济价值。

二是社会变革与生态转型理论。该理论的代表人物是荷兰瓦格宁根大学的阿瑟·摩尔，他领导的瓦格宁根大学环境政策小组对生态现代化理论进行了大量研究，形成了社会变革与生态转型理论。摩尔认为，生态现代化是一个处理现代技术制度、市场经济体制和政府干预机制之间关系的概念。首先，科学技术是生态现代化的核心动力。科学技术不仅是引发环境问题的原因，而且是治理和防止环境问题的潜在的和实际的工具。实现生态现代化的基本前提就是转变科学技术现行应用方式，加大对先进、绿色、环保技术和手段的研发力度，改变或取代传统的“末端治理”“应付治疗”的方法，使得整个工业生产及其产品更加符合生态现代化的需求。其次，强调转型过程中经济动力和市场动力的重要作用，并且突出了生产者、消费者、金融机构、保险公司、应用部门和商业协会等经济活动的参与者作为生态重构、创新和改革的社会载体所具有的巨大潜力。再次，政府在生态变革中的传统核心地位将发生改革，更加分散、灵活和协商共识式的政府管理成为趋势，非政府机构将更多地参与和代替政府的传统职责，国际组织将在一定程度上淡化国家在生态治理中的传统作用。最后，公众环境运动的地位将得到提升并且日益成为推进生态重建的重要力量。摩尔认为，环境运动从原先作为独立于社会之外的纯粹批判者逐渐走进社会内部，并成为环境改革过程中不可或缺的参与者。环境运动传播的新思想唤醒了民众的生态意识，有效地将人民群众组织和团结起来，并成为工业社会实现生态化转型的现实支持力量。

三是转型理论。德国学者马丁·杰内克是生态现代化理论的主要创立人之一，他致力于生态现代化、环境政策、环境治理的理论和实证研究。马丁·杰内克的诸多论述是早期发展的主流理论，对于生态现代化理论的建构和发展具有奠基作用。马丁·杰内克的转型理论主要包括社会转型论、经济结构转型论和策略转型论。首先，他提出社会转型论，把人类社会发展划分为三个阶段，第一阶段以农业为基础，第二阶段以工业生产为基础，第三阶段则是以生态化发展为基础，因而生态现代化是一种必然发生的社会转型过程。其次，他指出生态现代化理论的核心内容在于经济结构转型，包括技术结构、部门结构的重构与生态化发展等。生态现代化追求一种高质量的经济发展和低水平的环境影响的共赢经济发展模式，提倡由资源密集型产业向知识密集型产业以及服务业转型。最后，杰内克着重论述了策略转型论，将环境策略划分为“补救性”策略和“预防性”策略。在杰内克看来，生态现代化的核心动力实质上是科学技术的现代化，实现生态现代化并不需要改变根本社会制度，而应该将技术创新作为重中之重。通过社会结构和经济结构的生态化转型以及环境策略的转变来推动绿色生产、绿色消费，可以极大地规避激烈的社会冲突和矛盾。

四是“技术组合主义”生态现代化和“反省式”生态现代化。这一理论的代表人物是荷兰学者马藤·哈杰尔。马藤·哈杰尔认为，生态现代化是一种环境问题的现代主义和技术主义的解决方案，要求用技术和制度的结合解决环境问题，以实现经济和环境的双赢。在此基础之上，他提出了实现生态现代化的两种模式，即“技术组合主义”生态现代化和“反省式”生态现代化。“技术组合主义”生态现代化模式是被设定在“技术组合主义”的政体之下，由政府、工商业人士、科学家以及改革派环境主义者共同组合而成的联合体作为国家权力中心，参与政策法规的制定，并且由科学家对决策依据做出权威说明。除此之外，哈杰尔更加提倡“反省式”生态现代化，对过去现代化发展历史进行反思与总结，从而对未来的现代化进行监督和控制。

五是“弱化”生态现代化理论与“强化”生态现代化理论。“弱化”生态现代化理论是一种纯粹技术论观点。英国学者克里斯托弗对“弱化”生态现代化理论做了几点论述：首先，强调技术手段是破解生态难题最直接有效的方法。其次，由科学界、经济界和政界的精英人士参与环境政策的制定过程并且垄断决策权。最后，“弱化”生态现代化理论的研究仅针对西方发达国家，并且试图为其经济政治发展框定一种固定模式。“强化”生态现代化理论被认为是一种社会结构优化论。它有以下几个理论特征：第一，强调将生态因素纳入社会制度和经济体制的变革中。第二，决策过程民主化，吸引民众广泛参与到环境策略的制定和决策中来，促进社会各界人士共同为解决环境问题集思广益。第三，环境问题日益成为发达国家和发展中国家共同面对的难题，因此，应当在全球范围内提高对环境问题的关注度。

结合上述几类生态现代化理论流派，生态现代化理论的核心理念可以归纳为六点：一是现代工业社会需要持续的生态重构，实现生态现代化。生态现代化理论反对退回到工业社会之前的社会状态，强调工业化和现代化需要融合发展，通过超工业化来解决环境危机。二是强调科技的重要作用，主张加大对生态技术创新方面的投入，保障新兴生态技术在生态变革中发挥引领作用，大力发展清洁技术、绿色技术、回收利用技术等以减少工业对生态环境的污染。三是建立前瞻的和预防的环境策略。与传统“末端治理”的补救性策略相比，生态现代化理论更强调落实预防性原则，将生态预防的原则贯彻到生产和消费的全过程。四是社会和经济活动参与者之间的合作和协商。通过民主讨论和协商机制，尽可能地在契合多方利益的基础之上达成一种崭新的环境策略，转变环境管制方式，使得环境政策法规能够行之有效，最终达到保护生态环境的目的。五是环境治理的整体性和综合性。环境问题关系到原材料加工、生产、交换、分配、消费、回收、再生产等各个环节，需要政府高屋建瓴进行综合周密的考虑，以整体性和综合性为原则，制定长远规划、整体政策并开展全球治理合作等。六是实现经济增长与环境退化脱钩。通过技术创新、污染治理、绿色生产以及绿色消费等转变，实现不以环境污染和资源过度消耗为代价的经济增长，在获得经济效益的同时，实现环境效益与之完全脱钩。

（三）西方生态现代化理论的局限性

生态现代化理论是发达工业国家应对环境危机的主流理论之一，它为资本主义国家解决生态危机提供了新的方案和手段。但是，西方生态现代化理论也具有一定的局限性。从根本上来说，尽管生态现代化理论已经认识到生态危机这一客观事实，但是并没有认识到问题的根源在于资本主义制度，没有对资本主义进行根本性批判，难以成功地推进社会的生态转型。

一是价值观念上未能摆脱“人类中心主义”倾向。生态现代化的解决方案是在资本主义工业化追逐利益的价值观念驱使下机械发展的，该理论仍然是机械地对待大自然，将自然界的可利用性作为重点，无视自然界的先在性和客观性，把自然理解为人类社会发展的附属物，认为自然界应该服从并服务于人类社会。因而，从价值观念上来说，生态现代化理论并没有完全摆脱“人类中心主义”的理论倾向。

二是解决方案的不可持续性。马克思认为，以私有制为主的资本主义生产方式就是不断向大自然攫取生产资料的过程，资本的逐利性只会加速对自然资源的消耗，给生态环境带来毁灭性的灾难。只有扬弃资本主义的内在缺陷，才能解决自然与人的共同发展问题。但是，西方生态现代化理论并没有将环境问题归咎于资本主义制度本身的缺陷，而是认为可以通过政府、市场、技术等方面的革新来化解环境与经济发展之间的矛盾。西方生态现代化理论没有对资本主义根本制度做出根本性批判，其关于生态危机的解决方案在本质上是不可持续的。

三是适用范围受到局限，缺乏全球公正性。生态现代化理论运用和实践较好的国家基本上都是西方发达资本主义国家，它们有较为雄厚的科技实力和经济实力来进行生态变革，但是对于欠发达国家来说，生态现代化理论难以得到具体实践。发达国家在环境治理过程中往往会采用“生态殖民”政策，将本国污染转嫁到别的国家，这势必会造成欠发达国家的生态环境日益恶化，进而引起全球生态环境的进一步恶化。生态现代化理论内涵仅仅局限于西方发达资本主义国家，对于欠发达国家如何确立生态治理方案、推进生态现代化进程则未曾提及。

（四）西方生态现代化理论对我国生态文明建设的启示

生态现代化是所有国家现代化进程中必然要面对的问题，西方发达国家是现代化发展的先行者和带头者，它们在推进生态现代化过程中所暴露的问题具有代表性和典型性，它们所取得的成功经验也值得所有国家学习。虽然生态现代化理论脱胎于西方工业社会现代化与生态环境的矛盾冲突，但其理论内涵中有许多理念与我国生态文明建设理论是相通的，其中一些先进观点值得我们深入研究和学习，对我国新时代生态文明建设的具体实践具有启示作用。

一是强化政府绿色执政，推进生态制度保障。首先，政府应该树立绿色执政理念，遵循人类社会发展规律、人与自然和谐发展规律，将生态理念融入政府执政的全过程，着力解决粗放发展模式带来的生态问题，保障人民群众的生态权益与安全。其次，政府要为生态文明建设提供必要的法治保障。通过制定相应的法律法规，将生态环境保护工作、生态环境建设工作、生态责任划定等工作纳入法治轨道。此外，政府还应健全环境监测和风险评估机制。构建科学高效的监测统计和评价体系，实行环境质量监控的预报预警，做好环境影响和环境风险评估。政府还应积极采用新的政策工具，以替代以往的管制性命令方法，推进生态保护，如征收垃圾税、排污税、燃料税等生态税。

二是促进生态技术创新，推动产业结构升级。生态技术创新改变了以往单纯追求经济利益而忽视生态环境保护的做法，转而将更多的生态理念融入经济建设的全过程，促进了经济、生态和社会三者效益的有机统一。企业是污染的制造者，也是环境保护和治理的执行者。因此，企业首先应当加大技术投入，推动生态技术在生态变革中发挥引领作用。其次，企业应积极推进产业结构调整优化，向环保型产业转型升级。最后，企业应当制定长期的生态发展战略，努力推进生态化生产和经营。大力推行循环经济、绿色经济发展模式，对生产废弃物进行回收和再利用，最大限度地利用资源，以此来节约资源和减少污染。

三是加强生态文明教育，树立绿色发展理念。必须让人们真正地理解地球生态环境的唯一性和承载能力的有限性、人类社会对生态环境的依赖性以及不合理人类行为对生态环境破坏的严重性。通过生态文明教育来影响和改变人们的生态价值观念，提高人们保护自然的自觉性，引导人们自觉履行生态义务。提倡绿色生活方式以及绿色消费，摒弃“消费至上”的消费主义观点，强化人们对可持续的良好生活方式的认知，使绿色生活方式根植于心，成为人们向往并身体力行的生活追求。

四是营造生态文明氛围，鼓励社会共同参与。政府、企业、民众、专家学者、社会组织等都是生态文明建设不可或缺的社会载体，同时也是环境治理与保护的主体。政府在生态环境治理和建设的过程中发挥着总揽全局的核心作用；企业应该加大对生态技术的研发和创新，扩大投资，走绿色生产之路；社会组织及专家学者应当在生态决策过程中积极主动地建言献策，推动生态政策的制定和完善。

“万物并育而不相害，道并行而不相悖。”中国式现代化新道路与其他国家的现代化道路，不是非此即彼的对立关系，而是可以在共存中互为“他山之石”，相互取长补短、互融互促。现代化是一个不断发展的过程，无论是人与自然和谐共生的现代化理论，还是西方生态现代化理论，都是开放的理论体系，都需要在时代发展中深入探索、研究和完善。在经济全球化背景下，中国现代化进程是世界现代化进程中不可或缺的一部分，中国式现代化、人与自然和谐共生的现代化将为建设持久和平、普遍安全、共同繁荣、开放包容、清洁美丽的世界做出更为重要的贡献。

第三章　中国古代生态智慧及启示

习近平总书记在2021年7月庆祝中国共产党成立100周年大会上，首次明确提出“把马克思主义基本原理同中国具体实际相结合、同中华优秀传统文化相结合”（以下简称“两个结合”）的重要论断，党的十九届六中全会通过的《中共中央关于党的百年奋斗重大成就和历史经验的决议》中将其作为我们党必须坚持的历史经验加以强调。从过去的“马克思主义基本原理同中国具体实际相结合”到“两个结合”的飞跃，更加突出了优秀传统文化的时代意义，充分体现了我们党对中国式现代化道路认识的深化，将中华优秀传统文化在新时代坚持和发展中国特色社会主义伟大事业中的价值、作用和地位提升到了一个新境界，彰显了高度的文化自觉和坚定的文化自信，对指导实现中华民族伟大复兴具有重大而深远的意义。党的二十大报告再次强调，坚持和发展马克思主义，必须同中华优秀传统文化相结合。深入挖掘中华优秀传统文化中蕴藏的治国理政智慧，并将其用于解决经济、政治、文化、社会、生态等各领域存在的问题，提高基层治理体系和治理能力现代化水平，是践行“两个结合”的题中应有之义。中华民族5 000多年的文明史闪耀着许多人与自然和谐共处的生态智慧火花。习近平总书记深刻指出：“中华民族向来尊重自然、热爱自然，绵延5 000多年的中华文明孕育着丰富的生态文化。”回顾历史，我们可以发现，对很多现在困扰我们的生态问题，比如资源紧缺、人地矛盾、环境恶化等，其实我们的老祖宗们早就有深邃思考和真知灼见，他们的很多主张、经验、做法都与现代生态文明理念高度契合。无论是儒家、道家和佛家等思想文化中关于生态伦理方面的观念主张，还是古人长期以来的生态实践，都可为我们今天处理人与自然关系、推进生态文明建设提供深刻的启迪和有益的借鉴。

西方学界对此也有同样的观点，叔本华、赫胥黎、汤因比、池田大作等思想家、哲学家都认为，古代东方生态智慧对于建构当代生态伦理学和解决当代环境危机问题具有重要意义。美国环境学家罗尔斯顿认为，吸取东方尤其是中国的传统文化，有助于提高西方人的伦理水平，改变人类中心主义，也就是仅仅把动植物当作“拧在太空飞船地球上”的铆钉，而不是当作“地球生命共同体”的错误思想①。比利时科学家、诺贝尔奖获得者普里戈金说：“中国文明对人类、社会与自然之间的关系有着深刻的理解。”② 哈佛大学还多次组织研讨会及出版相关著作，深入探讨古代东方生态思想对当今生态文明思潮的巨大价值。经过梳理，我国古代至少有八方面具有现实意义和借鉴价值的生态智慧，即：“天人合一”“仁爱万物”“道法自然”“知常曰明”“有度有节”“以时禁发”“乐山乐水”“普度众生”。

一、“天人合一”与“仁爱万物”：树立尊重生命的整体生态观

（一）“天人合一”

人是自然界长期发展的产物，自诞生之日起就面临着如何认识自然、对待自然的问题。对这一哲学命题，中国的古人很早就有思考研

---

① 罗尔斯顿．科学伦理学与传统伦理学//中国社会科学院哲学研究所科学技术哲学室．国外自然科学哲学问题．北京：中国社会科学出版社，1994.

② 普里戈金．从混沌到有序：人与自然的新对话．上海：上海译文出版社，1987.

究，集中体现在关于“天人”关系的论述中。在中国传统文化中，“天”的内涵十分丰富而复杂，有政治、宗教、道德等多重含义，但其最基本、最普遍的含义还是指客观存在的自然界。《论语》中讲，“天何言哉？四时行焉，百物生焉”，很显然，这里的天指的是包括四时运行、万物生长在内的自然界。季羡林先生也曾指出，在东方哲学思想中：“‘天’就是大自然，而‘人’就是人类。”[①] 对人与自然的关系，古人有的强调“天人相分”，也就是人与自然是有区别的；有的主张“天人交相胜”，也就是认为人与自然处于互相斗争的关系；有的提出“天人感应”说，即天能影响人事、预示灾祥，人的行为也能感应上天。但阐述最为全面，对后世影响最为深远的还是“天人合一”思想。

“天人合一”思想是儒家思想体系中的重要组成部分。儒家认为，人与万物是互相联系、休戚与共的整体。《周易》中云，“夫大人者与天地合其德，与日月合其明，与四时合其序”。孔子主张天人同构、天人交互，提出“下学而上达”，即认为在世间的人（“下”）与神圣的天（“上”）之间是可以实现通达的。古代“盘古开天地”“女娲造人”等创世神话传说中，也形象地讲述了人的形体精神与天地同质同构、天人感应的道理。盘古在开天辟地之后，其身体的各个部分便化为宇宙万物。女娲在抟土造人时，往泥塑的人身上吹了一口气，人便有了生机和精神。后来孟子提出的“万物皆备于我”“以天地万物为一体”，董仲舒提出的“天人之际，合而为一”，程颢、程颐提出的“仁者，浑然与物同体”等都体现了“天人合一”的整体生态观。北宋的思想家张载在《正蒙·乾称篇》中提出“天人合一”，主张“儒者则因明致诚，因诚致明，故天人合一，致学而可以成圣，得天而未始遗人”，就是说儒者通过对世界的认知来理解把握“天道”，以此实现“天”与“人”的统一。达

① 季羡林．“天人合一”方能拯救人类．东方，1993 (1).

到了这种境界，就可以超凡入圣，与天地同流、与万物一体。

道家思想认为，宇宙万物都由“道”衍化而来，因此天地万物与人的本原是一致的。庄子明确提出：“天地与我并生，而万物与我为一。”就是认为人类生命是自然整体发展的结果，因此要追求与自然统一的最高境界。《淮南子》中描述，人是天地间阴阳二气互相作用形成的产物。因此，人的精神归属于上天，而形骸归属于大地。中国传统文化也一贯主张人与自然处于相互联系的关系中，提出“天地与我同根，万物与我一体”等思想，主张人和生存的自然环境同为一体、相互依存、密不可分。

总之，尽管在具体的论述和理解上有所区别，但可以看到，儒家、道家等思想都把人与天地万物看作一个相互联系的有机整体，将追求人与自然的和谐共处作为价值取向，“天人合一”可以说是中国古代生态伦理思想的共同哲学基础。

与中国的“天人合一”思想不同，中世纪以来，西方在对天人关系的认识上，占主导地位的是“主客二分”“天人对立”的二元论。在实践层面，中世纪以来科学与技术的快速进步和城市化程度的极大提升，使追求实用技术的理性主义和技术乐观主义盛行，随之而来的是人们往往只从使用自然资源的现实层面上看待人与自然的关系，把自然等同于资源或者仅仅关注自然的资源价值，而自觉或不自觉地忽视了自然的生态价值。可以说，这种对人与自然关系的看法是近代以来西方高扬人的主体性，将自然彻底客体化的人类中心主义思想的萌芽。人类中心主义把人类看作世界的主宰，将大自然看作人的认识对象和改造对象，认为大自然是为了人类的利益而创造出来的。因此，为了满足人类的需要，只要不损害他人的利益，就可以向自然无止境地索取。从古希腊普罗泰戈拉的“人是万物的尺度”，到培根的“知识就是力量”，再到康德的“人为自然立法”，强调的都是人与自然的对立和斗争，主张人类要征服自然、战胜自然，做自然界的主人。这种思维方式和价值观念虽然在客观上促进了人的主动性、创造力的发挥，推动了西方近代科技与生产力的巨大进步，但也在长期的生产生活实践中造成人与自然关系的紧张和生态环境的恶化，成为造成近现代各种生态危机的重要思想根源。

“天人合一”与“主客二分”是中西哲学的基本差别之一。相较于西方哲学的“主客二分”，中国“天人合一”思想更强调人对环境的依赖，提出维护整个自然界的和谐与安宁，是人类本身赖以生存和发展的重要前提，并将人与自然的和谐统一作为道德追求的最高境界。这就颠覆了人类从自然获取物质资源的单向思维方式，将人与自然置于双向互动的关系框架下去认识思考问题。德国哲学家凯泽林曾指出：“在对自然的控制方面，欧洲人远远跑在中国人的前头，但作为自然意识的一部分的生命，它在中国找到了最高的表现……在这方面他们比我们站得更高远些。”①

当今世界，各种生态问题归根到底是人类不恰当的自然观和行为模式造成的。历史学家钱穆先生就指出，西方人喜欢把“天”与“人”分离来讲，“这一观念的发展，在今天，科学愈发达，愈易显出它对人类生存的不良影响”②。而中国的“天人合一”观、“人文自然相互调适之义”，是中国文化对人类未来的最大贡献。季羡林先生也认为，西方的天人对立思想已经引发出了威胁人类生存与发展的严重生态危机，只有东方的“天人合一”思想方能拯救人类③。“天人合一”思想，对反思近现代社会人与自然的疏离、人对自然的征服、对生态环境的破坏，以及重新建立人与大自然之间的和谐共生关系，有多重启示意义。

一是克服“人类中心主义”，正确认识人与自然的关系。“天人合

① 清华大学思想文化研究室．世界名人论中国文化．武汉：湖北人民出版社，1991.
② 钱穆．中国文化对人类未来可有的贡献．新亚月刊，1990（12）.
③ 季羡林．“天人合一”方能拯救人类．东方，1993（1）.

一”思想一再强调，人类要尊重自然、善待自然，与自然和谐相处。按照现代生态学的解释，人来自大自然，人类的生存与发展离不开大自然这个母体。回顾历史不难发现，夺走几千万人生命的14世纪大鼠疫、1918年大流感等大疫病，究其根源，都与人类破坏生态环境相关。新冠肺炎疫情的发生，也有科学家分析认为是人类与自然环境的平衡关系遭到了破坏造成的。正如恩格斯在《自然辩证法》中指出的：“不要过分陶醉于我们人类对自然界的胜利。对于每一次这样的胜利，自然界都对我们进行报复。”因此，我们应努力与自然万物建立起平等的伙伴关系，使人类从大自然的主宰者、掠夺者变为守护者。

二是突破人与自然的二元对立，保持人与自然和谐共处。“天人合一”思想认为，人类为了生存与发展，固然要从自然界获取物质资源，但强调要注重天人协作，遵循、适应自然运行规律的“裁成”“辅相”原则，关怀自然万物，有节制地利用自然，“参赞天地之化育”，让万物充分实现其天性。在现实中，一些人习惯把生态环境保护同建设发展对立起来，认为要保护好生态环境就没法搞建设，搞建设就没办法保护生态环境。而事实上这二者是辩证统一的关系，只要我们有正确的理念，通过运用现代科技、完善体制机制等办法，是完全可以实现二者相辅相成、相得益彰的，完全可以既搞了建设，又保护美化了环境。

这些都启示我们，要学习借鉴“天人合一”思想中人与自然协调发展的理念，努力克服把保护生态与发展生产力对立起来的冲突思维，更加自觉地推动绿色发展，协同推进经济高质量发展和生态环境高水平保护。

（二）“仁爱万物”

既然天地人是一个整体，那么作为万物之灵的人类，除了要关心和爱护其他人之外，还要对天地万物都充满仁爱之心，尊重一切生命体的存在。在这方面，中国的儒道释思想也有相通之处。比如，儒家提出

“仁者爱人”“推己及人”，主张要像爱自己一样，尊重、关怀和善待身边的每一个人。孟子将对人的仁爱之心延伸到自然万物，主张“亲亲而仁民，仁民而爱物”，人要对动物有“恻隐之心”。荀子提出“圣王之制”的观点，将重视生态环境、保护生物、节用爱人等视为君王之德和应遵循的“王道”。董仲舒也提出：“质于爱民，以下至于鸟兽昆虫莫不爱。不爱，奚足以谓仁?”认为仁者必须要兼爱民与爱物。在中国传统文化和民众心理中，“好生”“恶杀”历来被认为是美德。历史上有个著名的“网开三面”故事，讲述的就是商汤王因为“恩及禽兽”的美德而得了天下。

尽管儒家也主张对其他生命形式进行关怀，但总体上“仁爱”的着重点还是放在人类身上，是一种爱有差等、情有亲疏、由此及彼的生命观。就像石头投入水中泛起的涟漪一样，是由人到动物，由动物到植物，再波及无机物，其仁爱之情随着到达圆心距离的远近发生由弱到强的变化[①]。所以，道家的创始人老子把儒家的“爱有差等”当作“私爱”进行反对，他提倡无私爱的“天地之仁”和“圣人之仁”。《老子》曰：“天道无亲，常与善人。”就是说尽管天道没有私情，但具有大公无私的爱物爱人之情。庄子提出：“以道观之，物无贵贱”，“爱人利物之谓仁”，“圣人处物不伤物。不伤物者，物亦不能伤也。唯无所伤者，为能与人相将、迎”。就是说，因为宇宙间的飞禽走兽、草木昆虫等一切存在物和人类一样，都是道化而生的，所以其与人类具有相同的本质和平等的地位。人应该像尊重自己的生命一样尊重他人和动植物的生命，做到“万物不伤”，这比儒家的仁爱思想又进了一步。

中国传统文化中也有浓厚的“众生平等”理念，也就是承认一切生命物种都有其存在的价值，都应该受到尊重和善待，主张有思想、有理

---

① 陈炎，赵玉．儒家的生态观与审美观．孔子研究，2006（1）．

性的人类应该泛爱万物、慈悲为怀，把它们的快乐视同自己的快乐去享受，把它们的痛苦当作自己的痛苦去体验，努力帮助其解除痛苦、获得快乐。

儒家、道家等思想文化中体现出的对待自然万物的仁爱态度和道德观念，展现了共同的生态伦理价值观，启示我们应重新审视人与自然的关系，以现代生态文明理念为指引，建立和遵循良好的生态伦理价值观、道德观和行为规范。

一是建立正确的生态伦理价值观。改变纠正过去工业文明时代那种将人类利益作为价值原点和评判标准依据的人类中心主义价值观，从有利于维护生态系统平衡，实现可持续发展的角度去做出价值判断，尊重和保护生物的多样性。比如，我们熟悉的害虫益虫的定义，就是从人类角度出发制定的，而在自然界中，不存在绝对的有益和有害，每一种生物在生态系统中都有它存在的意义。实际上，就算是苍蝇、蚊子、老鼠这些所谓的“有害生物”，也是大自然生物链中不可缺少的一环。如果人类贸然将其从生态系统中清除，就会造成食物链断开的风险，从而破坏生态平衡。英国生态学家迈尔斯就曾指出，倘若有一半的昆虫消失，那么不出一年，我们的农业体系就会遇上大麻烦。

二是要以感恩之心尊重爱护生命。回顾历史，在农业出现之前的原始社会，人类只能完全依靠自然界提供的食物来维持生命，那个时候的生产方式就是狩猎动物和采集植物果实。但在生产力极大发展的现代社会，人类的食物来源已经非常充足多样，人类早已跨越了靠食用野生动物来维持生存的阶段了，然而还有一些人出于经济、猎奇、炫富或是所谓的养生目的，去捕杀食用野生动物，这是一种违背生态文明理念、亟待摒弃的陋习。从现代营养学的角度来看，国内外的科学研究都表明，野生动物和人工饲养的动物没有明显区别，没有发现野生动物含有人工饲养的动物性食品不能取代的东西。从公共卫生安全角度来看，吃野味会带来巨大的健康隐患，容易导致动物易感的病毒传播，引发人类新发传染病。科学研究表明，近些年来世界多地出现的新发传染病都和动物有关。一些野生动物宿主含有各种病毒，仅蝙蝠身上就宿生有 1 000 多种病毒。从生态安全的角度来看，捕杀野生动物，干扰了物种间经过上百万年进化达成的自然和谐关系，很可能造成一个物种的灭绝以至于一个生态系统的崩塌。比如，处在食物链顶端的华南虎野外种群消失了，其赖以为生的野猪、鹿科动物等种群数量就会急剧增多。又如，一个区域内的野生穿山甲消失了，其平时捕食的森林白蚁就会骤增，由此引发其他一系列连锁生态反应。

二、“道法自然”与“知常曰明”：尊重了解自然规律是人类的“大聪明”

（一）“道法自然”的内涵

古往今来的思想家哲学家都在研究，世界究竟是什么？人与自然的关系是什么？人生的最高价值是什么？都想给出这些问题的答案。特别是在轴心时代，中国、西方和印度等同时出现文化突破[①]，各个文明都涌现出伟大的思想家哲学家——古希腊有苏格拉底、柏拉图、亚里士多德，以色列有犹太教的先知们，古印度有释迦牟尼，中国有老子、孔子、墨子……可以说是灿若星河，他们对世界都有自己的阐释，从而形成了不同的学术流派，对当时和后世的人们都产生了巨大而深远的影响。在这一时期我国的诸子百家中，道家提出了一个非常重要、影响深远的核心观点用以解释世界，就是“道法自然”。老子认为，“道”是世界的最高真理，是宇宙万物产生和演变发展的本源和根本动力。《道德

---

① 雅斯贝尔斯．历史的起源与目标．桂林：漓江出版社，2019.

经》云："人法地，地法天，天法道，道法自然。"意思是说，人以大地为法则，地以天为法则，天以道为法则。对道法自然的"法"，王弼将其解释为"法则也"。道法自然，也就是说，"道"的法则是自然，是宇宙自然形成的必然性和规律性，天地万物都要受这种法则统辖。道家主张自然状态是世界万物最为理想的状态，如果人类妄图"以人灭天"，强行按照自己的意志去改变万物的自然状态，就会给万物造成损伤或破坏。只有做到"顺天地之道"，才能"万物不伤""助天生物""助地养形"。老子把"自然"概念引入了哲学范畴，所以有人也称老子为自然哲学家。

"道法自然"观不仅在历代道家哲学中占有重要的地位，而且对儒家思想也产生了深远的影响，尤其影响到了先秦诸子中的集大成者荀子。荀子指出，要"明于天人之分""不与天争职""制天命而用之"，他强调"循道而不忒，则天不能祸。故水旱不能使之饥渴，寒暑不能使之疾，祆怪不能使之凶"。也就是说，天和人之间的职责、分工是不同的，而人的职责在于遵守天规（自然规律）和人道（社会规律），不能胡作非为、干扰天的正常运转。人要努力去认识掌握自然规律，根据四季变化安排生产，使天地万物为人类发挥更好的作用。只要坚定不移地按照自然规律办事，大自然便不会祸害人类，即便出现各种气候变化也不会导致饥荒、瘟疫和各种灾难发生。可以看出，与道家强调清静无为去顺应自然不同的是，荀子更加强调发挥人的主观能动性。

（二）"道法自然"的启示

"道法自然"的哲学思想要求人类遵循自然规律，强调人在改造自然中应该"依乎天理"，尊重宇宙万物的自然本性，这是一种极为可贵的生态思想。

启示一：要敬畏自然。古人之所以强调要"道法自然"，是因为他们认识到了自然的强大力量，总体上形成了"敬天畏天"即敬畏自然的态度。孔子在《论语》中讲“君子有三畏：畏天命，畏大人，畏圣人之言。小人不知天命而不畏也”，把能否敬畏自然作为一条划分“君子”与“小人”的道德评判标准。孟子也说“畏天者保其国”，将敬畏自然上升到了与国家生死存亡相关的高度。

用现代生态学的认识来讲，因为大自然是造就宇宙万物和孕育地球生命的动力和本源，所以自然界完全有能力控制那些不守规律、肆意妄为的物种和行为。人类社会是自然这个大生态系统中的子系统，人是自然之子，当人类太任性、违反自然法则时它会用特殊方式来惩罚人类，为地球减压、清障、排毒、消肿，维持自然界的大平衡。不要说在生产力还比较落后的古代社会，就是在科学技术和生产力发达的现代社会，人类依然无法阻止洪水、地震、泥石流、火山爆发、虫灾、瘟疫等重大自然灾害的发生，只能采取各种措施预防和防御，最大限度地减少灾害损失。

所以，我们千万不能以人类为中心出发去思考问题，认为人是万物的主宰，以征服自然为荣，以向自然攫取为理所应当，必须始终对自然心存敬畏之心，做到行有所止。

启示二：要顺应自然。大自然有自己的运行规律。所谓规律，就是指自然界和社会诸现象之间必然、本质、稳定和反复出现的关系。规律是客观的，不以人的意志为转移的，它既不能被创造，也不能被消灭。不管人们承认不承认，规律总是以其铁的必然性起着作用。世界上任何物质都受规律的约束，自然规律同样如此，我们必须努力顺应自然、适应自然，而不能妄图人为去改变它，否则就会闹笑话，甚至被狠狠地打脸。揠苗助长、混沌之死等古代寓言故事都生动地说明了违背自然规律、自然本性的不良后果，即便初心是好的，也很可能造成破坏性的后果。

启示三：要遵循自然。强调顺应自然，并不是说人在自然面前就无所作为了。人与动物的最大区别，就是人具有主观能动性。因此，虽然人不能改变自然规律，但完全可以发挥人类的聪明才智去认识自然、了解自然，利用掌握的规律对大自然进行科学合理和适度的开发，对被破坏的生态环境进行修复重建，实现资源的可持续利用，构建人与自然互利互惠的生命共同体。比如，掌握了林木的生长发育规律，对阳光、土壤、温度等自然环境的要求，就可以通过科学采种、育苗、播种、栽植、抚育等环节进行人工植树造林，把昔日的荒山荒地变得郁郁葱葱。比如，掌握了农作物生长的光热要求，就可以通过温室大棚控制透光率、温度、湿度等，创造适宜农作物生长需要的条件，从而大大提高蔬菜水果等农作物产量。

（三）“知常曰明”的内涵

在对“天”的认识中，古人很早就发现天地万物都处于变化之中，但变化之中也有恒常、普遍的规律。儒释道等学派都有强调人应该努力去了解掌握自然界规律的相关论述。从道家思想来看，老子提出：“夫物芸芸，各归其根。归根曰‘静’，静曰‘复命’。复命曰‘常’，知常曰‘明’，不知‘常’，妄作凶。”这里的“常”就是指自然规律。也就是说，天下万物虽然繁杂，但最终都将回归到虚静的根本，这是万物运动变化周而复始的永恒规律，即守常不变的规则。只有认识了解到这个规律的人，才是明智的人。不懂得自然规律而任性妄为，必将招来灾祸。庄子也认为：“夫明白于天地之德者，此之谓大本大宗，与天和者也。……与天和者，谓之天乐。”所谓“天地之道”，也就是天地自然所遵循的规则。明白了自然规则，与大自然保持和谐关系，就会得到“天乐”。管仲学派的创始人管仲也提出，“天不变其常，地不易其则，春秋冬夏，不更其节，古今一也”，“顺天者有其功，逆天者怀其凶”。可以看出，这里的“常象”“常理”“则”，都是指自然规律。与老子的观点类似，管仲同样强调要顺应自然规律。

儒家思想中多用“常”“天命”等词语来代指自然规律。荀子认为，“天有常道矣，地有常数矣”，就是说天地万物运动过程中存在固有的、本质的、稳定的、必然的联系。他进而指出，“天行有常，不为尧存，不为桀亡。应之以治则吉，应之以乱则凶”。强调人们如果顺应大自然运行变化的规律，用合理的做法去回应它，就能得到吉祥的结果；用不合理的做法去回应它，就会产生灾难。

（四）在生态问题上我们如何变“明”？

人类对客观世界的认知是一个漫长的过程，随着科学的发展与人类认识能力的提高，人类能够不断揭示自然变化的规律，但人类目前的认知水平，还远远未能达到解决社会发展所面临的所有生态问题的程度，科学地认识地球、认识自然是一个永无止境的由浅入深的过程，我们应始终保持求知探索的热情，将“知常”作为永恒课题、终身课题常抓不懈，努力做了解掌握自然奥秘的“明白人”“聪明人”。那么，今天我们如何在生态问题上变“明”呢？

一是做到吃一堑，长一智。古人说：“人非圣贤，孰能无过？”“知过能改，善莫大焉。”“改过必生智慧。”人类社会就是在总结经验、修正错误的过程中不断发展进步的。只要我们善于从错误和失败中汲取经验教训，知识和能力就都会得到增长，就能变得越来越聪明和智慧。比如，海南省三沙市，曾经有一段时间搞岛礁绿化，把内地城市用于绿化的草皮移到岛上来，维护成本很高，结果台风一来，海水一泡草就死了，土壤也沙化了。这样的做法，就是没有做到结合当地实际，没有掌握生态规律、自然规律。后来，三沙市在吸取这些经验教训的基础上，主要种植适合岛礁气候条件和地理条件的木麻黄、椰子树、羊角树、诺丽树等热带滨海树种。现在各个岛礁上都是绿树成荫、生机勃勃。

二是他山之石，可以攻玉。也就是借助外力来提高自己的见识，改正自己的缺点、错误。在生态环保方面，发达国家尽管总体上走的是先污染、后治理的发展道路，但他们对生态环境的保护起步比我们早，在实践中积累了许多好的经验，值得我们学习借鉴，我们完全可以拿来使用。改革开放后，国家派出很多党员干部走出国门到其他国家考察学习，一项重要的内容就是生态环境保护，这对于我们的党员干部开眼界、拓思路，举一反三推进我国的生态文明建设起到了很好的作用。比如，2008年，贵阳组织干部到美国考察学习，受到纽约曼哈顿通过建设中央城市公园为公众提供游憩休闲场所、同时改善生态环境的启发。后来，贵阳的中心城区先后建设了十里河滩、观山湖、小车河等三大城市湿地公园，面积达16平方公里。这些湿地公园兼有治水、保林、净气、固土等功能，能提供多种生态产品，成为城市的"绿肺"，使该市"天更蓝、地更绿、水更清、气更净、林更茂"，深受百姓欢迎。

三是以史为鉴，警钟长鸣。古人云："前事不忘，后事之师。"其实今天在生态环保方面存在的许多问题，在历史上都能找到类似的案例。比如，前文曾讲到玛雅文明、古巴比伦文明等盛极一时的古代文明的衰落，究其原因，都与人为活动违背了自然规律造成的环境灾难有关。对前人曾经走过的弯路、经历的曲折，我们不能健忘失忆；对那些破坏生态环境造成的深刻教训，我们不能健忘失忆；应经常回顾历史、鉴古知今，从中汲取智慧力量，避免重蹈覆辙，防范历史悲剧重演。

三、"有度有节"与"以时禁发"：科学合理地利用自然

（一）"有度有节"的内涵

人与自然共生共存，不可分割。人类作为自然生态系统中的一环，

需要靠消费资源以维系生存，因而对资源的开发利用在所难免。但是，如果对大自然的索取或者利用超过了一定的限度，生态问题甚至生态危机就会出现。对如何合理地利用自然资源，我国古人提出了“取之有度，用之有节”的原则，可以将其概括地称为“有度有节”。这句话最早出自唐代儒家思想家陆贽，他指出：“夫地力之生物有大数，人力之成物有大限，取之有度，用之有节，则常足；取之无度，用之无节，则常不足。”这句话实际上包含了获取和利用自然资源两个方面的原则。类似这样爱护资源、节俭消费的理论主张，在儒道释等各家思想中都有体现。

（二）关于“取之有度”

1. 儒家的“取之有度”思想

儒家从对自然万物的仁爱之心出发，强调人在开发利用自然时要留有余地，做到“取物不尽物”。儒家经典《周易》特别提倡古代天子打猎采用“三驱”法，即打猎时将三面包围，放开一面，进来的野兽，凡是面对自己冲过来的，一律放走；凡是转身逃跑的，则可以射杀。认为这样不对野生动物赶尽杀绝是吉利的。孔子在《论语》中讲：“子钓而不纲，弋不射宿。”孟子曾痛心疾首地感叹齐国都城临淄附近的牛山由于乱砍滥伐和过度放牧，从山林茂密变成一座光秃秃的山坡的历史教训，这就是史上有名的“牛山之叹”。孟子曰：“牛山之木尝美矣，以其郊于大国也，斧斤伐之，可以为美乎？是其日夜之所息，雨露之所润，非无萌蘖之生焉，牛羊又从而牧之，是以若彼濯濯也。”《史记·孔子世家》记载：“刳胎杀夭，则麒麟不至郊；竭泽涸渔，则蛟龙不合阴阳；覆巢毁卵，则凤皇不翔。”其认为射杀怀孕的母兽、竭泽而渔、覆巢毁卵都会对国家造成不利的后果。

2. 道家的“取之有度”思想

道家的“取之有度”思想，主要从“知止知足”的角度进行论述。

老子在《道德经》中指出："知足不辱，知止不殆，可以长久。""祸莫大于不知足，咎莫大于欲得。故知足之足，常足矣。"《庄子》中云："知止乎其所不能知，至矣；若有不即是者，天钧败之"。《黄帝四经》中提出："过极失当，天将降央（殃）。"道家学派的代表作《吕氏春秋》中讲："竭泽而渔，岂不获得？而明年无鱼；焚薮而田，岂不获得？而明年无兽。"这说的就是我们现在熟悉的"竭泽而渔"。这些理论都主张人们要控制自己的物欲，懂得知足，不能贪得无厌，向大自然过度索取。

（三）关于"用之有节"

在儒家看来，"节俭"是修身、齐家、治国的重要道德规范，直接关系到个人成败、家族兴亡、国家盛衰。孔子在《论语》中要求贤明的君王应当"节用而爱人""恭俭而好礼"，赞赏学生颜回"一箪食，一瓢饮"的简朴生活方式，主张"君子食无求饱，居无求安"。《孟子》中抨击统治者"狗彘食人食而不知检"的奢侈行为，将贤君的美德定义为"恭俭礼下，取于民有制"，强调唯有"俭者不夺人"，以节俭实现"财不可胜用"的治国目标。《荀子》中也主张"强本而节用"。唐代学者张守节注解司马迁《史记》中的"节用水火材物"时说："言黄帝教民，江湖陂泽山林原隰皆收采禁捕以时，用之有节，令得其利也。"他认为开发和利用自然资源，既要根据时节和动植物的不同生长状况，又要有所节制。唐代诗人李商隐更是道出家国兴衰的警世恒言："历览前贤国与家，成由勤俭破由奢。"

儒家认为，"俭"体现了个人对家族的责任，能否做到节俭事关家族兴旺持久的命运。很多古代名人的家训都告诫后人治家要培养节俭之德，不能养成骄奢之风。如北宋司马光在写给儿子司马康的家训《训检示康》中，用各种正反面典型案例阐释了"俭，德之共也；侈，恶之大也""俭能立名，侈必自败"的道理。诸葛亮在《诫子书》中，要求儿子做到“静以修身，俭以养德”。清末名臣曾国藩在其传世的曾氏家书《曾文正公嘉言钞》中强调：“居家之道，惟崇俭可以长久。”“由俭入奢易于下水，由奢反（返）俭难于登天。”经过一代代的传承，勤俭节约已成为中华民族的优良美德，成为中国人深入骨髓的思想观念和行为习惯。

在道家思想中，老子提出：“去甚，去奢，去泰。”“我有三宝，持而保之：一曰慈，二曰俭，三曰不敢为天下先。慈，故能勇；俭，故能广；不敢为天下先，故能成器长。”“见素抱朴，少私寡欲，绝学无忧。”老子认为做到了节制物欲，懂得知足，就不会再有忧愁烦恼。

先秦诸子中最强调适度消费、节约资源的是墨家学派，他们将“有用”作为节俭的标准，所谓“有用”，就是指满足人们衣食住行各方面的基本生活需要。墨家认为将财富使用在“有用”的地方，就符合节俭的要求，否则就是奢侈浪费。墨子提出“节用”“凡足以奉给民用，则止”，意思是一个人的消费水准，能够维持基本的生活就很好了，超过这个限度就是浪费了。他还对衣食住行、丧葬等各方面消费制定了详细的标准，提出在穿衣上，只要能“冬以圉寒，夏以圉暑”就可以了；饮食只要能“增气充虚，强体适腹”就可以了；住房只要能“圉风寒”“别男女之礼”就可以了；舟车只要能“完固轻利”，足以“任重致远”就可以了；人去世后的墓地只要能“棺三寸，足以朽体；衣衾三领，足以覆恶”，也就是有三寸厚的棺木、三件衣服足以让尸体在里面腐烂就可以了。墨子还对节约的意义进行了阐释，认为“夫妇节而天地和；风雨节而五谷孰；衣服节而肌肤和”，“圣人之所俭节也，小人之所淫佚也。俭节则昌，淫佚则亡”。就是说节俭是顺乎天理、合乎人情，保持人与自然和谐共生共荣的必要条件，是区分“圣人”“小人”的一把标尺，甚至关乎国家兴亡。

总之，“取之有度，用之有节”体现了古人“取物不尽物”、注重可持续利用自然的生态伦理观。古代先贤深刻地洞察到，自然资源并非取之不尽、用之不竭，对自然资源的开发要注意有所限度，不能无休止地进行攫取。对自然资源的使用利用，要节制节约、惜物爱物，不能只顾眼前利益，而不作长远的规划和打算。习近平总书记深刻指出："大部分对生态环境造成破坏的原因是来自对资源的过度开发、粗放型使用。""'取之有度，用之有节'，是生态文明的真谛。"

（四）"有度有节"的启示

"取之有度，用之有节"的生态智慧，对于我们当前推进生态文明建设无疑具有重要的启示意义。

启示一：要把握好度。度有长短、量度、标准、制度等多重含义，它也是一个哲学上的重要范畴。辩证法认为，"度"是事物保持自己质的界限、幅度和范围。在特定的界限以内，量变不会引起质变，超过这个界限，事物就会发生质变。把握好"度"的道理，非常适用于指导我们当下调节人与自然的关系。有限性是自然资源的本质属性之一。任何自然资源的规模和容量都有一定的限度，都不是取之不尽、用之不竭的。特别是矿产、石油、天然气等非再生资源，可以说用一点就少一点。据统计分析，全球已探明的石油、天然气和煤炭储量将分别在今后40年、60年和100年左右耗尽。土地、水、动植物等可再生资源，如果开发利用过度，使其稳定的结构破坏后，其也会丧失再生能力，成为非再生资源。苏轼在《赤壁赋》里面说，"惟江上之清风，与山间之明月，耳得之而为声，目遇之而成色，取之无禁，用之不竭"，实际上，即使是"清风明月"，也就是太阳能、风能等这些看上去取之不尽、用之不竭的恒定性资源，从某个时段或地区来考虑，其所能提供的能量也是有限的。现代生态学认为，合理开发利用自然的限度就是不能超越资源的承载能力，即人类社会获取可更新资源与能源的速率必须小于、等于可更新资源与能源自身更新的速率；人类社会获取可更新资源与能源的速率必须小于、等于人类发明或寻找替代物的速率。

总之，我们在利用大自然时，一定要把握好适度的原则，学会知足知止、克制物欲，将消耗的物质控制在自然资源承载力范围之内，切实维护生态环境平衡。

启示二：善于循环利用。垃圾是放错位置的资源，循环利用就是把废弃的垃圾资源化，实现变废为宝，提高环境资源的配置效率，节约集约利用资源，更好地保护日益稀缺的自然资源。我国古人在长期的生产生活中形成了大量关于物质循环利用的思想和实践活动。比如，汉代农书《氾胜之书》记载，“汤有旱灾，伊尹作为区田，教民粪种，负水浇稼。区田以粪气为美，非必须良田也。”这显示早在商代，人们就对人畜粪便进行收集并运送到田间肥田。再比如，春秋战国时期，浙江湖州一代的桑基鱼塘堪称我国早期循环农业的典范，实现了最原始的绿色发展。这些都启示我们应大力发展循环经济，推进资源节约集约循环利用。

启示三：坚决反对铺张浪费。坚决反对铺张浪费，是解决资源有限性与人类需要无限性矛盾的重要方法路径。有关研究认为，“人类需要相当于 1.75 个地球的生物承载力才可持续满足当前人口的需求”。在生态系统开始退化并可能崩溃之前，生态超载只能维持有限的时间。“全球足迹网络”自 2012 年 8 月开始设立“地球生态超载日”，又称为“生态负债日”[①]，警醒人们从这一天开始已用完了地球本年度可再生的自然资源总量，进入了本年度生态赤字状态。据“全球足迹网络”测算，约从 1970 年起，人类对自然的索取开始超越地球生态的临界点。所以，我们要有资源耗尽的危机感，树立正确的消费观，将物质欲望控制在合理范围内，做好“节流”，不能当寅吃卯粮、入不敷出的

① 计算公式为：（全球生物承载力/全球生态足迹）×365 ＝地球生态超载日。

“败家子”。

坚决反对铺张浪费，也是应对气候变化、减少碳排放的现实迫切需要。应对气候变化是当前全世界面临的共同挑战。饮食、穿衣等日常生活中的浪费行为都会导致碳排放量大大增加。浪费不仅仅是个人的不良消费习惯问题，还将给气候与生态环境带来巨大压力，为了保护我们共同的地球家园，我们必须大力弘扬中华民族勤俭节约的优良传统，坚决反对铺张浪费，在全社会形成浪费可耻、节约光荣的社会风气，以实际行动为阻止全球气候变暖做贡献。

（五）“以时禁发”的内涵

为了推动人们在实践中合理利用和保护动物、植物、土地、山川等自然资源，做到“取之有度，用之有节”，古人逐渐形成了一套系统的生态环境保护的制度规范，在内容上涵盖了森林、土地、矿产、水资源及野生动物资源等的保护，其中最具有代表性、延续时间最长的一条要求就是“以时禁发”。《管子・立政》提出：“修火宪，敬山泽，林薮积草，夫财之所出，以时禁发焉。”意思就是，制定野外防火的法令制度，严格管理山丘湖泊和草地森林，这些是财富的来源，要在规定的时间封禁与开发。各家各派的思想学说中，都有这样按照时令节气来封禁、开发自然界的相关要求。

儒家强调对自然资源的利用要因时制宜、取物顺时，并以自然运行的客观规律为依据，对人们在不同时节开发利用动植物等资源的情况做出了明确规定。曾子提出，“树木以时伐焉，禽兽以时杀焉”。《荀子》提出，“草木荣华滋硕之时则斧斤不入山林，不夭其生，不绝其长也”。《吕氏春秋》《礼记・月令》中都有类似孟春之月（农历一月）“禁止伐木”、仲春之月（农历二月）“毋焚山林”等规定。对于动物资源，儒家思想家也明确提出要取之以时，强调要保护幼小动物、雌性动物尤其是怀孕的动物，等到动物长成的时节再捕获，以利于种群繁衍。《礼记・

王制》中规定，“獭祭鱼，然后虞人入泽梁；豺祭兽，然后田猎；鸠化为鹰，然后设罻罗；草木零落，然后入山林。昆虫未蛰，不以火田。不麛，不卵，不杀胎，不殀夭，不覆巢”。《孟子》提出，“数罟不入洿池，鱼鳖不可胜食也”。《荀子》中也强调，“鼋鼍、鱼鳖、鳅鳣孕别之时，罔罟、毒药不入泽，不夭其生，不绝其长也”。古人对于国王狩猎的时节、次数等，都有一定的礼制规定。《周礼》《礼记》等史书上记载，天子、诸侯一年分别有三到四次田猎活动，一般在仲春之前、鸟兽孕育期间禁止田猎。这保证了动物有更多的繁殖和生长时间。

道家思想认为，人们要按照自然之“道”行事，合理开发利用自然资源，秉持“是道则进，非道则退”的原则。《老君说一百八十戒》规定，“不得冬天发掘地中蛰藏虫物”，“不得妄上树探巢破卵”。魏晋时期的葛洪说，“欲求长生者，必欲积善立功，慈心于物，恕己及人，仁逮昆虫”，而不可“弹射飞鸟，刳胎破卵，春夏燎猎”。《太上感应篇集注》在注释“春月燎猎”时说：“春为万物发生之候，纵猎不已，已伤生生之仁。乃复以纵之火，则草木由之而枯焦，百蛰因之而煨烬。是天方生之我辄戕之，罪斯大矣！”[①] 其认为“春月燎猎”之罪在于违背了春天不杀生的“时禁”。

在佛教思想中，最能体现这种“时禁”观念的，就是“结夏安居”修行制度。僧众们从农历四月十六日这一天起，开始为期九十天的禁止外出。安居的首日称为结夏，安居圆满结束时称为解夏或过夏。因为夏季是虫蚁繁殖和活动的旺季，也是草木生长的季节。若家人外出，容易伤及路上的昆虫、蚂蚁和草木新芽。还有，佛教将阴历的正月、五月、九月定为长斋月，要求信众在此期间禁止屠杀动物、吃素诵经。

---

① 太上感应篇集注//藏外道书（第12册）. 成都：巴蜀书社，1992：153.

（六）“以时禁发”的启示

历朝历代的君王将“以时禁发”的要求体现到具体的政令中，并通过设立一系列管理山川林泽、草木鸟兽的环保机构、官职等，推动执行这些政令，确保了人类在使用自然资源时，既能满足自身合理生存和发展需求，又不至于对自然界造成灾难性的破坏，这对我们今天进行生态文明建设具有很大的启示意义。

启示一：要多方教育引导。制度是写在纸上的硬措施，道德则是刻在心中的软约束。从古至今，从官方到民间，在建章立制之外，还通过诗文、戏曲、民间传说、谚语等方式，来教育引导老百姓懂得“有度有节”的道理，遵守“以时禁发”的要求，做到按制度规矩办事。比如，贵州省自古就有“宜林山国”之称，森林资源十分丰富。老百姓在世代经营林木的过程中，形成了很多林业谚语，包括“吃山不养山，聚宝盆会干”、“冬春草木干，明火不入山”、“割青莫割秧，割秧山光光”、“割七不割八，来年漆树发；割八不割七，来年漆树灭”（指割漆树的时间适宜在农历七月）、“春宜栽杉，秋宜伐杉”等，这些都充分体现了“以时禁发”的要求。

我们应善于运用文化、宗教、道德等方面的力量，运用寓教于乐的方式加强教育引导，潜移默化地推动移风易俗，培育全民生态意识，形成自觉参与践行生态环保理念的良好社会风尚。特别要注意采用老百姓喜闻乐见的方式方法和生动鲜活的案例，不能不分对象、不分场合地去讲一些抽象的大道理。

启示二：要建立健全法规制度。古人说：“经国序民。正其制度。”制度的制定和实施决定着生态环境保护的成效。在我国历史上，以诏令、律、禁令等形式体现的政令和以乡规民约等形式体现的基层社会自治，共同构成了古代生态环保的制度之网，在保护生态方面起到了积极作用，其中很多内容都与“以时禁发”有关。比如，据记载，大禹曾颁发春季实行“山禁”，夏季实行“休渔”的禁令①。有学者认为，这是现知中国最早的与环境保护工作相关的国家禁令。比如，秦朝的《田律》被学界认为是迄今世界上最早的环境保护法。其中规定：“春二月，毋敢伐材木山林及雍（壅）隄水。不夏月，毋敢夜草为灰、取生荔，麛卵瞉，毋……毒鱼鳖、置穽罔，到七月而纵之。”短短几句话，把二月到七月间的生产活动都做了详细规定，涉及林木、水源、动植物保护等多方面内容。古代老百姓在生产生活过程中也形成了不少适时保护和利用自然资源的民间规约。比如，海南省海口市演丰镇林市村 1789 年的“保林十诫”村志，明确规定“生茄椗一律不许砍伐，违者罚钱一百文”“六月不准摘茄椗籽”，这里的茄椗便是指红树林。意思就是不允许砍伐未长成的红树林，每年六月红树林的果实未熟时不准采摘食用。

习近平总书记多次强调：“保护生态环境必须依靠制度、依靠法治。”“只有实行最严格的制度、最严密的法治，才能为生态文明建设提供可靠保障。”党的十八大以来，以习近平同志为核心的党中央高度重视以法治的力量推进生态文明保护，不断建立完善系统的生态文明制度体系，促进生态文明建设进入法治化轨道。

启示三：要加大惩处力度。法规制度的生命力在于执行。古代在执行环保制度，惩戒破坏生态行为方面是一贯严厉的。比如，《春秋左传·昭公十六年》记载：郑国有三个大夫，大旱之时奉命上山求雨，砍伐了一些树木，结果被定为大罪，削去了部分封地，就是因为当时不是砍伐的季节。《管子·地数》记载了齐国的规定：“苟山之见荣者，谨封而为禁。有动封山者，罪死而不赦。有犯令者，左足入，左足断；右足入，右足断。”《元史·本纪》中记载：“禁捕天鹅，违者籍其家。”这样

① 《逸周书·大聚篇》提出：“春三月，山林不登斧斤，以成草木之长。夏三月，川泽不入网罟，以成鱼鳖之长。”

的严刑峻法对人们产生的威慑力可想而知。

过去曾经有一段时间，我国在生态环保方面处罚力度不够，执法不严，造成了违法成本低、守法成本高的现象。近年来，我国不断加大生态环保严重违法行为处罚力度，这种情况已经得到了有效扭转。历史和现实都启示我们，只要把有关环境保护的法律法规、禁令、惩罚性赔偿等司法措施切实执行好了，让违法者得到重惩，牢固树立环保违法行为坚决不能碰的红线意识、底线意识，自觉做到“下不为例”，不敢任性。

四、“乐山乐水”与“普度众生”：以爱美之心共建万物和谐的美丽世界

（一）“乐山乐水”的内涵

“乐山乐水”这一成语出自《论语·雍也》：“知者乐水，仁者乐山；知者动，仁者静；知者乐，仁者寿。”宋代的朱熹在《四书章句集注·论语集注》中对孔子的“乐山乐水”做了解读，他说：“乐，喜好也。知者达于事理而周流无滞，有似于水，故乐水；仁者安于义理而厚重不迁，有似于山，故乐山。”在古人那里，“乐山乐水”有两层意思：一是“乐”（yào），就是喜欢、爱好的意思；二是“知者乐”，这里的“乐”（lè），是愉悦的意思。两者都有使人快乐之内涵。“乐山乐水”就是一种自然审美。在古人看来，感悟人生真谛、提升道德境界、实现快乐，主要途径是在自然山水中寻找、感受、顿悟。

儒家善于“山水比德”。“比德”就是赋予山水等自然万物仁、智等道德人格，然后通过审美观赏，从中获得道德启示。《说苑·杂言》记载：“夫水者，君子比德焉：遍予而无私，似德；所及者生，似仁；其流卑下句倨，皆循其理，似义；浅者流行，深者不测，似智；其赴百仞之谷不疑，似勇；绰弱而微达，似察；受恶不让，似贞；包蒙不清以

入，鲜洁以出，似善化；主量必平，似正；盈不求概，似度；其万折必东，似意。是以君子见大水观焉尔也。”在儒家看来，山水不再是单纯意义上的山水，而是具备德、义、道、勇、法、正、志等道德和品质，孔子的“知者乐水，仁者乐山”就是这一倾向的高度概括。孟子曰：“源泉混混，不舍昼夜，盈科而后进，放乎四海。有本者如是，是之取尔。”孟子认为有为的君主应该具有流水那样永不停歇奔流向前的精神。在儒家看来，人具有的美德善行，都可以通过山水进行表达，而且人通过“乐山乐水”可以净化心灵、提升境界。

道家善于“畅神”于山水。在道家理论中，对自然山水的观照，是认识道、体悟道的途径和主要方法。老子提出，“上善若水”。将自然界的水作为道之本源去探寻。庄子提出，“天地与我并生，而万物与我为一”。如何达到“天地万物与我为一”的状态呢？庄子认为只有畅游于山水间，才能体会到大道之所在。老庄的思想对魏晋南北朝时期的玄学影响很大。“方寸湛然，固以玄学对山水”，魏晋以来的士大夫往往通过领略山水之中的玄趣，追求与道冥合的精神境界。“乐山乐水”是道教对“道”的诗意表达，也是道人的一种修炼途径。

文人雅士善于“寄情”于山水。山水首先是要满足人的物质生活需要。随着生产力的发展，我们的先人逐渐对自然界产生了审美需求，即由一般地理意义的“山水”，转向具有美学价值的“山水”，人们开始以审美的心态对待山水，体验人与万物一体的境界，从而得到极大的精神愉悦，觉得天下之乐莫过于山水。于是文人雅士在游览或旅行中将自然风光与人文景观融入笔端，出现了大量山水诗文书画等文艺作品。比如，宋代无门慧开禅师的“春有百花秋有月，夏有凉风冬有雪。若无闲事挂心头，便是人间好时节”（《颂平常心是道》），唐代杜甫的“好雨知时节，当春乃发生”（《春夜喜雨》），唐代王维的“空山新雨后，天气晚来秋”（《山居秋暝》），柳宗元的山水游记《永州八记》（通过写山水显示自己高洁的人格），宋代王希孟的画作《千里江山图》，山水音乐《高山流水》《阳关三叠》《春江花月夜》等。

“山水无言，真意自现”，自然界中的一花一叶，一虫一鱼，无不以其天然之趣、勃勃生机给人们带来生命的惊喜与人生感怀。所以，我们要成为仁者、智者，就要“乐山乐水”。

（二）“乐山乐水”的启示

古人讲“万物并育而不相害，道并行而不相悖”，认为自然万物是一个共生、共存、共融、共同发展的有机整体。人与自然山水朝夕相处，也产生了与山水相关的丰富精神财富，这对我们当下做到热爱自然、保护自然具有重要启示。

启示一：要善于发现美，回归到“乐山乐水”的审美传统。习近平总书记深刻指出：“山峦层林尽染，平原蓝绿交融，城乡鸟语花香。这样的自然美景，既带给人们美的享受，也是人类走向未来的依托。”古人“乐山乐水”的生态智慧，凝聚着无数先人对自然美的追求，蕴含着对真善人格的向往。自觉培养“乐水乐山”的人文情怀，对树立正确的审美观，感受自然之美，自觉爱护呵护生态环境大有益处。

启示二：要善于融入美，将自然之美融入园林、建筑、水利等生产生活各个方面。自然肌理是未受人工干扰或受人工干扰较少的自然形态，比如，河流的九曲十八弯，就呈现出自然肌理之美。比如，苏州拙政园把山、水当作最重要的造型要素加以运用，利用积水挖地成池，环以林木建造园，体现了“仁者爱山，智者乐水”的审美情趣，体现了建筑与生态环境的和谐统一。这也启示我们，自然原本就很美，应将这种美贯穿到发展规划、产业发展等各个方面，渗透到城市道路、城市建筑、城市景观、住宅小区等城市设计的各个方面。

启示三：要善于欣赏美，发挥好文艺作品的生态教化功能。文学艺术具有娱乐人的生活、陶冶人的性情、提高人的生活品位、塑造人的精神的功能。要发挥文学、诗歌、绘画、音乐、书法等文艺作品的生态教化功能，使欣赏美成为每一个人的生活方式，更好地热爱自然、保护自然。

总之，将祖国各地的大好河山、自然风光通过词曲、舞蹈等文艺的形式表现出来，让人感觉到这个地方很美，产生共情，然后就会不自觉地去爱它，而不会去做任何伤害自然的事情，尤其是不会做破坏生态环境资源的事情，即发挥好文艺作品的生态教化功能。

（三）何谓“普度众生”?

“普度众生”阐释的道理，在道家、儒家等思想中也有体现。道家以道为最高信仰，因为道化生万物而又“好生善养”。

儒家是入世哲学，提倡“仁者爱人”，并将其仁爱思想推广到天下万物，“以天下苍生为念”“利济苍生”是儒家伦理思想的重要组成部分，体现出对家国天下的强烈担当意识和济世情怀。《孟子·尽心上》提出：“穷则独善其身，达则兼济天下。”唐代李白的《梁园吟》云：“东山高卧时起来，欲济苍生未应晚。”宋儒张载在《横渠语录》中提出：“为天地立心，为生民立命，为往圣继绝学，为天下开太平。”清朝的《颜习斋先生言行录》中讲：“人必能斡旋乾坤，利济苍生，方是圣贤。”这些都体现了儒家以仁义精神兼爱天下万物的博爱情怀。儒家的“天下观”包含了整个人类世界和谐秩序的建构，把天、地、人作为一个和谐统一的整体，形成了人与自然、人与人之间的“无限责任伦理”观，目标是实现社会大同。

（四）“普度众生”的启示

从以上论述不难看出，道家、儒家思想虽然表达方式不一样，但其都隐含着一条共同的思想价值，就是要推己及人、推己及物地帮助别人乃至万物解脱苦难，得到幸福，由此人与人之间、人与万物之间就可以实现和睦共处，最终整个世界就可以实现和谐、太平。这种提倡普度众生、利于众生的古老智慧对于解决当前我国乃至全球的生态问题也具有很强的启示意义。

启示一：要正视人类正在经历的生态苦难。在现代社会，人类有很多苦难都跟生态环境问题有关。2021 年，联合国环境规划署发布的题为《与自然和平相处》的报告指出，当前地球面临着气候变化、生物多样性遭破坏及污染问题三大危机。这些生态危机给人类的生存与发展带来了威胁，也使人类遭受了重重苦难。近年来，全球多地都经历了高温极端天气，多国农作物生产受到严重气候影响，全球粮食安全正遭受前所未有的危机。联合国粮食及农业组织、联合国世界粮食计划署和欧盟发布的《2021 年全球粮食危机报告》显示，在 55 个国家和地区中，2020 年至少有 1.55 亿人面临重度粮食不安全问题。2022 年 5 月，联合国世界粮食计划署发出警告，人类或将面临“二战后最大的粮食危机”，多达 17 亿人正暴露在粮食、能源和金融系统的破坏之下，导致贫困和饥饿问题的恶化。联合国秘书长古特雷斯在 2021 年 9 月 7 日的“国际清洁空气蓝天日”活动上发表讲话指出，多达 9/10 的人呼吸着受污染的空气，每年造成约 700 万人过早死亡，其中 60 万人是儿童。如果我们不采取果断行动，这一数字到 2050 年可能会翻倍。

启示二：要充满信心地拥抱和谐自然。大自然不断向人类发出的严重警告，让我们再次深刻意识到，人与自然的和谐多么重要。人与自然万物和谐共处最理想的状态是什么？这体现在从古到今人们对理想社会的畅想与设计中。庄子描述的理想社会是“山无蹊隧，泽无舟梁；万物群生，连属其乡；禽兽成群，草木遂长。是故禽兽可系羁而游，鸟鹊之巢可攀援而窥”。儒家的理想社会是“天下大同”，“五亩之宅，树之以桑”。古代文人笔下的理想社会是“芳草鲜美，落英缤纷”的桃花源。共产党人向往的共产主义社会是实现了人与自然之间、人与人之间“两大和解”的生态文明社会。

当前，我们正在以习近平同志为核心的党中央坚强领导下，意气风发向着全面建成社会主义现代化强国、实现第二个百年奋斗目标迈进，以中国式现代化全面推进中华民族伟大复兴。“第二个百年奋斗目标”可以分为两个阶段：第一个阶段，从2020年到2035年，在全面建成小康社会的基础上，再奋斗15年，基本实现社会主义现代化。这里面就包括了社会充满活力又和谐有序，生态环境根本好转，美丽中国目标基本实现的奋斗目标。党的二十大报告中还进一步明确，这一阶段我国发展的总体目标中包括“广泛形成绿色生产生活方式，碳排放达峰后稳中有降，生态环境根本好转，美丽中国目标基本实现”。第二个阶段，从2035年到本世纪中叶，在基本实现现代化的基础上，再奋斗15年，把我国建成富强民主文明和谐美丽的社会主义现代化强国。到那时，我国物质文明、政治文明、精神文明、社会文明、生态文明将全面提升，对到达这个与自然和谐发展的美好彼岸，我们信心满怀、干劲十足。

启示三：要同舟共济。人类要与自然和谐共处，关键是要同舟共济。美国生态科学家和社会政治学家迈尔斯在其所著的《最终的安全：政治稳定的环境基础》中指出：“全球变暖和物种的大量灭绝将会影响到世界各地的每一个人。我们全都乘坐在同一艘环境之舟上，当这艘船一处接着一处地出现渗漏时，我们将全部遇难。甚至是最发达的国家也无法使自己免遭环境破坏的影响，无论它在经济上如何坚实、技术上如何先进或军事上如何强大。”那我们应该怎么做，才能避免这样的悲剧发生？首先，每个人都应努力做贡献者，不做置身事外的批判者。我们应认识到，生态环境的破坏最终将殃及每一个人；而维护生态环境，则会让每一个人都受益。帮助别人就是帮助自己，成就他人就是成就自己。其次，政府应从长计议，不能急功近利。生态环境保护具有长期性、复杂性、艰巨性的特点。这就决定了，在生态环境的保护问题上，政府不能急功近利，更不能因小失大、顾此失彼、寅吃卯粮，应当树立大局观、长远观，打持久战，做好促进发展和环境治理工作，一任接着一任干，以接力跑的方式实现生态环境持续改善。此外，世界各国应合作共赢，不能以邻为壑。常言道，空气没有签证地进进出出，海水没有边界地自由流动。“自然不辨国别，生态不识国界。”地球是全人类赖以生存的唯一共同家园，而地球是一个整体的生态系统，一个国家和地方的环境问题总会不同程度直接或间接地影响到其他国家和地方的环境状况。因此保护生态环境，并不是局部的、区域性的，已经不可能有哪一个国家、哪一个民族和哪一个区域可以避免遭受生态恶化带来的劫难。这就决定了，在环境问题上，以邻为壑、以自我为中心的利己主义做法注定是难以持续的。毫无疑问，同舟共济，构建人类命运共同体是解决今天和未来全球生态问题的一把金钥匙。

第四章　中国生态文明建设面临的矛盾和挑战

加强生态文明建设，推进人与自然和谐共生的现代化，是一场大仗、硬仗、苦仗。虽然党的十八大以来，党和政府出台了许多政策措施推动生态文明建设，倡导绿色发展、低碳发展、循环发展，人民群众对生态文明理念的认知认同度大幅提升，雾霾天气和黑臭水体越来越少，青山绿水、碧海蓝天、鸟语花香越来越多，我们的祖国天更蓝、山更绿、水更清。但应当看到，生态文明建设是一项成因复杂、治理艰难、成效缓慢的系统工程，不可能一蹴而就、一劳永逸。习近平总书记指出，现时期我们“要清醒认识保护生态环境、治理环境污染的紧迫性和艰巨性，清醒认识加强生态文明建设的重要性和必要性”。当前，生态环境问题仍然是制约我国经济社会可持续发展的瓶颈问题，生态文明建设仍然面临诸多矛盾和挑战。

一、生态文明的践行存在“知行合一难”的问题

生态文明建设贵在“知行合一”。“知行合一”，由明代思想家王阳明所创。500 多年前，王阳明在贵阳龙场潜心修学，悟出了“知行合一”“致良知”的“大道”，在我国思想史上产生了深远影响。王阳明认

为，“知者行之始，行者知之成”，既要知，更要行，知中有行，行中有知；知行合一互为表里，不可分离；一个人有“知”，必须要表现为“行”，无“行”则不能算真“知”。“知行合一”，要求以知促行、以行促知，重点在合一、要害在合一，就是要做到理论和实践相统一、认识和行动相统一，做到表里如一、言行一致。

习近平总书记对王阳明的“知行合一”十分推崇，在讲话中多次强调要做到知行合一。比如，2013年7月11日至12日，他在河北省调研指导党的群众路线教育实践活动时强调，“以‘知’促‘行’，以‘行’促‘知’，做到知行合一”；2014年5月4日，他在考察北京大学时勉励大学生“道不可坐论，德不能空谈。于实处用力，从知行合一上下功夫……”；在十九届中央纪委第三次全会上，习近平总书记强调“领导干部特别是高级干部必须从知行合一的角度审视自己、要求自己、检查自己”；2019年3月1日，在中央党校（国家行政学院）中青年干部培训班开班式上，习近平总书记强调要“牢记空谈误国、实干兴邦的道理，坚持知行合一、真抓实干，做实干家”。

近年来，生态文明理念日益深入人心，全社会对生态文明建设的重要性有了普遍共识，但无论是党政干部，还是社会公众，真正能做到“知行合一”的不多，知易行难、知行脱节等问题依然存在。党政干部和社会公众知行不合一的表现或形象分别可以用五幅画像呈现。

（一）党政干部中的5种人

第一种干部：口头上重视生态文明建设，实践中却不以为然、重发展轻保护。从客观上讲，虽然我国经济总量已跃居世界第二，但不同于大多数发达国家已进入后工业化时期，我国仍处于工业化阶段，以重化工为主的产业结构、以煤为主的能源结构和以公路货运为主的运输结构没有根本改变，能源总需求在一定时期内还会持续增长，向低碳发展转型还面临诸多挑战，保护和发展的矛盾依然突出，特别是一些地方发展的压力较大。从主观上讲，一些干部不能正确认识和处理发展与保护的关系，常常把两者割裂开来、对立起来，一强调发展就认为没办法保护，一强调保护就认为没办法发展，发展经济习惯于铺摊子上项目、以牺牲环境换取经济增长。2022 年初，生态环境部负责人就曾指出，在经济发展困难增多、下行压力增大的形势下，部分地区对生态环保的重视程度有所减弱、保护意愿有所下降、行动要求有所放松、投入力度有所减小，钢铁、水泥等初级产品需求上升导致部分地区承接“两高”项目的冲动抬头，企业环保设备不正常运转、违法超标排污等现象也在增多。也有专家认为，部分地区在 2030 年碳达峰预期下，将“碳达峰”前的近 10 年理解为“攀高峰”的时间窗口，抢着上高耗能、高排放的“两高”项目，违规给“两高”项目开绿灯，想提早把住能耗增量“地盘”。2021 年 4 月，中央生态环保督察对山西、辽宁、安徽、江西、河南、湖南、广西、云南 8 个省（区）进行了为期 1 个月的督察进驻。督察组查出，山西省计划上马 178 个“两高”项目，101 个在建或已建，其中 72 个手续不全，比例高达 71.3%。不仅如此，晋中、吕梁、运城 3 市在“十三五”期间多次未完成年度能耗双控考核目标，煤炭消费量急剧增加，被国家有关部委通报批评；在“十四五”期间仍在大力发展焦化、钢铁等“两高”项目。安徽违法违规上马“两高”项目的情况同样存在，安徽省经信部门未落实“重点区域严禁新增铸造产能”要求，长期未制定铸造行业产能置换办法，各地铸造项目盲目无序发展，新增产能 10.9 万吨/年；发展改革部门监管不到位，六安市安徽金日晟矿业有限公司 150 万吨/年球团项目未取得能评审批手续，2019 年违规开工建设，省、市、县三级发展改革部门明知其违法行为却不制止。辽宁省对未完成能耗双控考核的地市，既未按要求实施问责，也未实行高能耗项目缓批限批，能耗双控考核沦为摆设。此外，督察组在广西、河南、湖南、江西等省（区）也查出违规甚至违法上马“两高”项目的问题。

“两高”项目的增加，我国较早实现复工复产，一些企业订单大增、产能增长较快等，导致国内一些省份能源消耗迅速上升。国家发改委有关文件显示，2021 年上半年，全国 9 个省（区）能耗强度同比不降反升，10 个省上半年能耗强度降低率未达到进度要求，达二级预警。针对这一现象，专家分析指出，“两高”项目违规上马和能耗强度增长，暴露出一些地方对新发展理念的认识偏差，对绿色低碳转型的谋划不积极，平时高喊“绿色发展”口号，实际工作中却一再追逐短期效益。

第二种干部：为完成生态环境指标，执行政策简单化，搞一刀切和层层加码，或做表面文章。前文提到我国一些地方因能耗双控指标未达标而被国家发改委警示。为完成能耗双控指标，一些地方就给高能耗企业限产，有的甚至限电来使企业停产。这种平时不作为，临近考核，又赶紧立“军令状”、加速整改、搞“一刀切”、层层加码、玩命突击的做法，非但无益于节能减排、转变发展方式，反而给经济社会带来不必要的失序。其实，做好能耗双控的办法有很多。比如，调整产业结构，淘汰落后产能，通过技术升级提升资源利用率；优化地区、产业、企业间的能源梯级利用，借助智慧化管理系统减少能源浪费；对既有建筑进行节能改造、绿色照明、绿色制冷，聘请专业公司设计绿色节能方案等。我们应当牢记，节能减排、绿色低碳发展靠的是一步一个脚印，久久为功，尤其是注重功在平时，有规划、有节奏，不能再干临时抱佛脚的蠢事。

除了搞“一刀切”、层层加码外，一些干部为完成生态环境指标，还大做表面文章。2021 年 6 月 11 日，《新华每日电讯》刊发《割麦污染环境？这里的农民割麦得花钱喷淋降尘》的报道，引起广泛关注。报道称，正值小麦抢收时节，在河北邢台市南和区的麦地里却碰到了一桩怪事：一边是小麦联合收割机马达轰鸣割着麦子，另一边是农民开着拖拉机，拉着自制的喷淋设备，跟着收割机洒水，抑制扬起的秸秆粉尘。

报道一出，舆论一片哗然。对该舆情，邢台市南和区委、区政府高度重视，立即进行了调查核实，并发出情况通报称：我区阎里乡个别基层干部在工作中存在宗旨意识薄弱、作风不严不实、工作方法简单等问题，相关部门已介入调查处理。媒体评论指出，为了 $PM_{2.5}$ 等环保指标，个别干部真是把环保工作做到了“无微不至”，抑或“登峰造极”。相信这样急功近利、做表面文章、自欺欺人的干部不在少数。

第三种干部：能力不足，违背自然规律，用“大跃进”的方式搞生态建设。有的地方为了增加绿化率，引进一些易生长的外来树种，结果破坏了本地的生态平衡。在开展生态修复和环境治理时，习惯于运用“工程疗法”，“自然疗法”运用得比较少。比如，在进行河道整治时，有的把河床、河岸用水泥抹得“三面光”，结果整个河滩寸草不生，老百姓用“青蛙跳进去都出不来”来形容；有的地方把护岸修到山坡上，远看像“万里长城”，破坏了整个自然生态系统。

习近平总书记反复强调，要尊重自然、顺应自然、保护自然。当前，用“基于自然的解决方案”（nature-based solution，NBS）治理生态环境已经成为主流。2008 年世界银行发布报告《生物多样性、气候变化和适应性：来自世界银行投资的 NBS》，首次在官方文件中提出“基于自然的解决方案”这一概念。欧盟委员会从更广阔的视角阐述了“基于自然的解决方案”的内涵，即一种受到自然启发、支撑并利用自然的解决方案，以有效和适应性手段应对社会挑战，提高社会的韧性，带来经济、社会和环境效益。这些方案将通过资源高效利用、因地制宜和系统性干预手段，使自然特征和自然过程融入城市、陆地和海洋景观。近年来，“基于自然的解决方案”已经被广泛运用于生态修复和环境治理。

第四种干部：斗争、担当精神不足，碍于破坏环境行为背后的利益链条盘根错节，不敢较真碰硬动真格。很多违法排污，违法占用耕地、林地、水源地项目，其背后往往都有利益链条，打击起来阻力很大，有时甚至还要冒相当大的风险，如果没有担当精神，是处理不好的。像秦岭违建别墅、祁连山非法采矿、腾格里沙漠排污等破坏生态环境的大案要案背后都有利益链条和保护伞。不少干部选择能拖则拖、绕道而走。环保问题整改也是个棘手事，社会关注度高，涉及面广，有的还是历史遗留问题，处理起来难度非常大。因此，不少地方在落实环保问题整改时，存在表面整改、整改滞后、整改不全面不彻底以及再次反弹的问题。比如，2020 年，中央第三生态环境保护督察组对海南省开展第二轮生态环境保护督察时，就反馈指出海南在违法围填海问题处置方面，动真碰硬不够，尺度把握不一，个别围填海项目甚至继续违法违规建设。比如，禁养区海水养殖清退是海南水环境治理的重点工作，为推进这项工作，海南开展了多轮督察，并向相关地方提出了整改意见，然而，有的地方把养殖户退养了就当作完成整改任务了，没有破坝，没有恢复自然岸线生态，不检查是否复养、不关注老百姓后续生计，就想着这一届完成了退养，渔民再复养也是下一届的事了。这些都是斗争、担当精神不足的表现。

第五种干部：作风不实、政绩观有偏差，以生态建设之名行开发破坏之实。2021 年 12 月，中央纪委国家监委网站一则《广州市大规模迁移砍伐城市树木事件问责情况通报》的报道引发社会关注。原来，2020 年底以来，广州市在实施“道路绿化品质提升”“城市公园改造提升”等工程中，大规模迁移砍伐城市树木，严重损毁了一批大树老树，严重破坏了城市自然生态环境和历史文化风貌。这是一起典型的破坏性“建设”行为，伤害了人民群众对城市的美好记忆和深厚感情，造成了重大负面影响和不可挽回的损失。广州市委副书记、副市长等 10 名领导干部由此受到严肃问责。广州又称“花城”，广州人种花、赏花、爱花、护花的社会习惯在汉朝便已形成，当地树种的品类既反映了地理气候环境特点，也承载了人民群众的美好记忆和深厚感情。专家表示，尊重历史、尊重文化、尊重生态，一个很重要的方面就是要守护城市自然生态环境和历史文化风貌，领导干部要树立正确的政绩观，多做打基础利长远的实事，多为人民群众办实事办好事，真正做到对历史和人民负责。针对该事件，广东省委要求广东省各级党组织和广大党员干部要深入贯彻落实习近平生态文明思想和习近平总书记关于城市工作的重要论述精神，把增强“四个意识”、坚定“四个自信”、做到“两个维护”落实到具体行动上，经常对标对表，全面查找偏差，强化责任担当，务必力戒之，坚决防止破坏性“建设”问题。要举一反三、以此为鉴，坚定践行以人民为中心的发展思想，牢固树立正确政绩观，把为民造福作为最重要的政绩，把实现好、维护好、发展好最广大人民根本利益作为工作的出发点和落脚点。要坚持用科学态度、先进理念、专业知识规划建设管理城市，尊重城市发展规律，尊重自然生态环境，尊重历史文化，尊重群众诉求，坚持科学决策、民主决策、依法决策，下足“绣花”功夫，不断提高城市治理体系和治理能力现代化水平。

类似的事件还有不少。比如，云南大理的鸡足山禅修小镇项目。鸡足山是国家AAAA级风景名胜区、中国十大佛教名山之一，鸡足山禅修小镇项目规划建设的初衷是在保护生态环境的前提下，带动当地百姓增收致富、助推产业转型升级，满足城市人口回归田园、旅游度假的需求。规划还要求小镇中所有的物体不能是搬来的，而要像自然生长出来的一样。但实际上，该项目打着“诗与远方”的招牌，踩在生态红线上赚钱，不少区域都触碰了云南省生态红线，建设范围从600多亩扩大到3.7平方千米（约5 550亩），是原来规划面积的9倍多，并且是以旅游项目开发为主的旅游地产项目。因触碰生态红线，2018年经云南省委常委会审议通过，该项目被淘汰退出特色小镇创建名单，并被收回1 000万元的启动资金。再如，福建省连江县定海湾山海运动小镇项目。

该项目位于连江县黄岐半岛的筱埕镇蛤沙村，面朝大海，背枕青山，是福建省 2017 年、2018 年重点项目，福州首批市级特色小镇，以及连江县落实“对接国家战略建设海上福州”的重点项目。该项目提出在尊重自然、保护生态的前提下进行“精致”开发，保留山海原生态，打造海上福州健身休闲产业示范基地和宜业宜游宜居美丽特色小镇。而实际上，该项目却因违法占用海域、海岛，破坏岸线，2020 年被中央第二生态环境保护督察组督察发现，要求整改。

（二）5 种社会公众“知行不合一”的表现

第一种：破坏者。这类人为了一己私利，图方便，做出破坏生态环境的行为。比如，2018 年，海南省昌江县石碌镇一村民因为认为林地中的马占相思树遮挡了自家芒果树等作物的阳光，影响作物生长，而环剥了 119 棵树木的树皮，致使 29 棵树木死亡，90 棵树木受到损毁，最终获刑 1 年 2 个月。再如，有的人随意倾倒垃圾，有的人吃野生动物导致大量野生动物被捕杀。

第二种：局外人。这类人只要生态环境问题不影响到自己，便事不关己、高高挂起、漠不关心，完全忘记了生态环境保护中每个人都是建设者、监督者，没有旁观者、局外人。更有甚者，即便是自己居住的环境脏乱差，也不去打扫清理，而是去适应。

第三种：理论家。与局外人相反，这类人很关心生态环境保护和生态文明建设，说起来头头是道，大道理一套一套的，但让他付诸行动又做不到。

第四种：裁判员。这类人重视生态环境保护，而且比较自信，不但做到自己信奉的那一套，还要求他人也做到，他人没有做到，就认为他人是错的。比如，一些环保人士认为开新能源车才环保，对其他开燃油车的人就嗤之以鼻，甚至进行道德绑架。

第五种：批评家。这类人经常对破坏生态环境的行为特别是政府的政策行为提出批评。社会进步需要批评家，但这类人中有部分人搞双重标准，喜欢对别人亮“红灯”，对自己开“绿灯”。

二、生态文明管理体制存在“条块分治与系统治理协同难”的问题

山水林田湖草沙是生命共同体，生态是统一的自然系统，是相互依存、紧密联系的有机链条。所以，必须坚持系统观念，从生态系统整体性出发，寻求系统治理之道，不能头痛医头、脚痛医脚，各管一摊、相互掣肘。然而，长期以来，我国的行政体制是条块分割、各管一摊，种树的只管种树、治水的只管治水、护田的单纯护田，容易顾此失彼，很难达到系统治理的最佳效果。当前，我国生态文明管理体制改革虽然在深入推进，在系统治理上取得了重大成果，但仍有不少难点需要解决。

一是部门职能有待整合优化。2018 年新一轮机构改革后，我国组建了生态环境部，将分散在各部门的环保职责集中到一个部门，解决了职能交叉重复、相互掣肘、“九龙治水、各管一摊”的弊端，但仍存在部分职能定位不够清晰、改革措施的系统性整体性协同性尚未充分有效发挥等问题。比如，在一些省份，农村生活污水治理的职能属于生态环境部门，城镇生活污水治理的职能属于住房城乡建设部门，两者之间很难区分得很清楚；农业面源污染防治主管部门是农业农村部门，但农田灌溉用水流入河流后，后续治理又由水利部门主管，仍需要多部门联合开展综合治理。再比如，畜禽养殖、秸秆焚烧、机动车污染管理等环保职责划分还存在交叉模糊。

二是垂直管理体制改革落地生效还需时日。虽然省以下环保机构监测监察执法垂直管理制度改革目前已基本完成，但要从根本上解决地方政府干预环保执法、环保监督责任落实难等问题，我们仍需要在实践中

探索完善。

三是跨区域、跨流域生态管理体制机制有待进一步完善。组建生态环境部在一定程度上解决了部门与部门之间即“条”与“条”之间的职能交叉模糊问题，开展省以下生态环境机构监测监察执法垂直管理制度改革在一定程度上解决了“条”与“块”之间的统筹难问题，但区域与区域之间即“块”与“块”之间，仍然存在协同难的问题。特别是对一些涉及多个行政区域的生态环境治理问题，如流经多个地区的河流、受多个地方政府管辖的湖泊、海域，由于所涉地区经济社会发展程度不同，地方政府对生态环境和经济发展的权衡有所差异，往往难以形成统一意见、实现有效协作。

三、生态文明建设投入转化未能发挥最大效能

出于种种原因，我国生态欠账较多、环保基础设施建设相对滞后，需要投入大量资金补短板，但当前环保投入远不能满足需求。例如，中央财政2019年自然资源领域生态保护修复两个专项安排142亿元，与相关部门测算的每年589亿元的资金需求存在较大差距。以海南农村污水治理为例，2018年海南曾制定《海南省农村人居环境整治三年行动方案（2018—2020）》，其中一个目标是到2020年实现农村污水处理设施全覆盖，后来经过各市县细致排查和测算，要实现这个目标全省资金缺口达250多亿元，于是海南省政府只好把这个目标的完成时限推迟到2025年。再比如，海南热带雨林国家公园范围内分布有123.6万亩人工林，占该国家公园总面积的19.27%。按照国家公园建设要求与国家林业和草原局要求，这些人工林需要处置退出。为此，海南省国家公园建设主管部门组织开展了国家公园范围内人工林资源调查，并委托中国科学院开展人工林处置研究，形成了人工林处置方案，提出了赎买、租

赁、置换、限期退出少量补偿、期满退出不补充等5种处置方式，并对赎买和租赁金额进行测算。在此基础上提出了人工林的“不采伐”和“可采伐”两种处置方案。其中，不采伐方案，每年需要支付租赁金359.85万元；赎买金总计42.35亿元，按10年支付完，平均每年约4.24亿元。可采伐方案，每年需要支付租赁金75万元；赎买金总计22.97亿元，按10年支付完，平均每年约2.3亿元。考虑到海南财政有限的现状，海南省最终采取了可采伐方案，但即便如此，对海南省的小财政来说，这也是一笔不小的开支。

同时，我国生态文明建设市场机制不完善，环保产业“投入多见效慢”、生态环境“破坏易修复难”、生态环境治理投入渠道较单一、更多依靠政府投入、社会资本投入积极性不高，导致生态环境保护的投入力度和效果与群众期盼、社会需求相比还存在较大差距。据统计，2020年全国环境污染治理投资占GDP的比例仅为1%，而从发达国家的经验来看，环保投入最高可达到GDP的6%～8%，平均水平也在2%～3%。另据渣打全球研究团队2021年5月发布的《充满挑战的脱碳之路》报告，2060年前中国在脱碳进程中需进行高达人民币127万亿～192万亿元的投资，相当于平均每年投资人民币3.2万亿～4.8万亿元。按2020年我国GDP100万亿元计算，投入占GDP的比重需在3.2%以上。可见，现阶段我国生态环境保护的投入总量还难以满足生态文明建设的需求。

此外，当前，我国在生态文明建设领域投入的资金，还未转化出最大效能。以生态保护补偿为例，2009年以来，中央财政设立国家重点生态功能区转移支付，到2021年这项政策已经覆盖全国31个省（区、市）的800余个县域，累计投入近6 000亿元，各级政府也投入了大量资金。但相关法制建设滞后、补偿指标体系不健全不科学、分头管理分散补偿现象突出等一系列问题，导致生态保护补偿机制的作用发挥得还不够充分，补偿资金的使用效能还需要进一步提升。主要表现是：

纵向补偿方面，目前各部门大多在各自职权范围内开展生态补偿的实践，仍然缺少政策间的协同效应，统一的制度体系尚未形成。而且，国家重点生态功能区转移支付主要着眼于“基本保障”，生态补偿资金的投入普遍不足。比如，现有的生态补偿政策落实到自然保护区的比例严重不足，各地自然保护区的生态补偿政策落实主要依靠申请项目和公益林补偿、草原生态补奖等部门政策，补偿标准普遍偏低。同时，实践中也发现，“优质优价、多劳多得”的导向作用还有待提升。

横向补偿方面，开展流域横向生态保护补偿，是调动流域上下游地区积极性，共同推进生态环境保护和治理的重要手段，是健全生态保护补偿制度的重要内容。自 2010 年启动新安江流域水环境补偿试点以来，我国已在安徽、浙江、广东、福建、广西、江西、河北、天津、云南、贵州、四川、北京、湖南、重庆、江苏等 15 个省（区、市）的 10 个流域探索开展跨省流域上下游横向生态保护补偿。总体上看，这些试点均取得积极进展，跨界断面水环境质量稳中有升，流域上下游协同治理能力明显提高，以生态补偿助推上游地区产业绿色转型初见成效。但受行政区划影响，各方利益诉求不同，加上生态环境容量是一个公共产品，真正付出了多少保护费用，牺牲了多少机会成本，科学地核算很难，导致环境受益地区往往积极性不高，各地区在补偿标准、补偿方式等方面很难达成一致，从而影响补偿机制的建立。尤其是省际的生态补偿，如缺少中央层面的协调指导和资金支持，协调难度就更大。

市场化补偿方面，2018 年 12 月，国家发改委、财政部、自然资源部、生态环境部等九部门联合印发了《建立市场化、多元化生态保护补偿机制行动计划》，明确了我国市场化多元化生态保护补偿政策框架，但目前各地相关实践仍处于起步探索阶段，政府引导、市场运作、社会参与的多元化生态保护补偿投融资机制尚未大规模建立。比如，我国绝大部分的森林生态补偿项目都是政府公共财政补偿，林业碳汇交易、水资源交易等市场化补偿模式没有得到充分运用和发展，给中央财政和地方财政带来难以想象的压力，很难长期保持住合理的补偿标准。此外，我国对生态补偿各相关方的权利、义务缺乏法律规范，作为市场交易主体的生态服务提供者和受益者的范围和责任、权益、义务等难以确定，导致生态保护修复的责权利没有很好地落实。

重要生态环境要素补偿方面，一直以来，国家有关部门依据部门职责分工，在森林、草原、湿地、荒漠、海洋、水流、耕地等重点领域开展了大量的生态保护补偿工作，国家级生态公益林实现森林生态效益补偿全覆盖，截至 2013 年，草原生态保护补助奖励政策覆盖全国 80%以上的草原面积。据统计，自 1998 年以来，我国中央财政累计投入不同生态环境要素的补偿资金近 1 万亿元，巨额资金投入的背后，生态保护补偿标准定价机制相对单一、区域差异性不强等问题不容忽视。目前各生态环境要素的生态保护补偿以按照面积的补偿居多，这种方法可操作性强，但没有考虑由生态类型、地理位置、地域特征的不同导致的不同地区生态保护成本差距的问题，导致补偿结果不够精准。

针对这些问题，2021 年 9 月，中共中央办公厅、国务院办公厅印发《关于深化生态保护补偿制度改革的意见》（以下简称《意见》），这是“十四五”开局之年关于生态保护补偿制度改革的重磅文件。《意见》提出，完善生态文明领域统筹协调机制，加快健全有效市场和有为政府更好结合、分类补偿与综合补偿统筹兼顾、纵向补偿与横向补偿协调推进、强化激励与硬化约束协同发力的生态保护补偿制度。《意见》的出台和实施，可以有效提升生态补偿资金的使用效能。我们也期待国家出台更多的制度规范，更好地解决生态文明建设投入不足、资金转化效能低等问题。

四、“绿水青山就是金山银山”的转化路径需要进一步探索

绿色生态是最大的财富、最大的优势、最大的品牌。良好生态蕴含无穷的经济价值，能够源源不断创造综合效益，推动实现经济社会可持续发展。只要能够把生态环境优势转化为生态农业、生态工业、生态旅游等生态经济的优势，那么绿水青山也就变成了金山银山。当前，各地都在积极探索绿水青山转化为金山银山的实现路径，也积累了不少好经验，但仍面临生态产品“难度量、难抵押、难交易、难变现”等难题，需要我们进一步在实践中摸索解决。比如，生态产品交易体系不够完整、产权的初始分配不公平、市场化程度不高等问题，使目前生态系统服务只有一小部分能进入市场被买卖。在交易体系上，仅有排污权、碳排放权等少数热门“生态权”进入交易市场，而调节气候、涵养水源、生物多样性等冷门“生态权”以及因保护而失去公平的发展权等均未列入交易市场。再如，在生态产业化方面，主要集中在打绿色生态牌，发展“生态＋”，其中包括以“生态＋农业”提升生态农产品市场价值，以“生态＋公园”拓展休闲体验生态价值空间，以“生态＋旅游”打造生态旅游价值链体系，以“生态＋民宿”拓展生态资源利用新模式等。这种实现形式，投资回报周期往往过长，回报率也不稳定，导致市场主体内生动力不足。这些问题都需要我们在实践中进一步研究和解决。

近年来，在推进生态环境保护和探索“绿水青山就是金山银山”转化路径的过程中，一个新的概念引起了广泛关注，这个概念就是 GEP。GEP 指生态系统生产总值，是英文 gross ecosystem product 的首字母缩写。GEP 的定义是：一定区域的生态系统为人类福祉和经济社会可持续发展提供的最终产品、服务及其价值的总和，包括生产系统产品价值

(如木材)、生态调节服务价值(如水源涵养、土壤保持、洪水调蓄、水环境净化、空气净化、固碳、释氧、气候调节、负氧离子)和生态文化服务价值(如生态旅游)。GEP 让生态产品价值可度量,使"绿水青山"创造了"金山银山"的价值,与 GDP 一起成为衡量我国经济是否高质量发展的新标尺。GEP 核算被期望发挥与 GDP 同等重要的"指挥棒"作用。

GEP 如何核算,也就是生态系统生产总值如何计算?一般来讲,有以下步骤:首先,要制定生态产品价值核算规范,明确生态产品价值核算的指标体系、具体算法、数据来源和统计口径等,推进生态产品价值核算标准化、规范化,实现生态产品价值核算可量化、可比较、可追溯。其次,需要针对生态产品价值实现的不同路径,分析不同类型生态产品商品属性以及不同利用转化情境下的价值变化,建立反映生态产品保护和开发成本的价值核算方法,建立体现市场供需关系的生态产品价格形成机制。再次,构建特定地域单元生态产品价值评价体系,考虑不同区域生态系统的功能特征,体现生态产品的数量和质量,建立覆盖行政区域的生态产品总值统计制度。最后,进一步探索将生态产品价值核算基础数据纳入国民经济核算体系,为将生态效益纳入经济社会发展评价体系提供依据。

中国首个 GEP 机制于 2013 年 2 月 25 日在内蒙古库布齐沙漠实施,该沙漠治理者是获得"地球卫士奖"的亿利集团。以该项目为例,如果沿用 GDP 核算,亿利集团 20 年让 5 000 多平方千米的沙漠变成绿洲的总投入达到了 100 多亿元,它的产出只有 3.2 亿元,但是如果用 GEP 来核算,包括大气调节、土地涵养等多种功能,它的总价值就达到 305.91 亿元。此后,GEP 在全国得到了推广。比如,2021 年 9 月 26 日,海南省发布了海南热带雨林国家公园体制试点区 2019 年 GEP 核算结果。经核算,海南热带雨林国家公园体制试点区 2019 年度生态系统生产总值为 2 045.13 亿元，单位面积 GEP 为 0.46 亿元每平方千米。再如，2020 年内蒙古公布了 2019 年内蒙古 GEP 为 44 760.75 亿元，是其当年 GDP 总量的 2.6 倍。浙江于 2020 年发布了我国首部省级 GEP 核算标准《生态系统生产总值（GEP）核算技术规范 陆域生态系统》，贵州于 2021 年发布了贵州省《生态系统生产总值（GEP）核算技术规范》，深圳于 2021 年发布了首部 GEP 核算制度体系，云南普洱市探索基于 GEP 核算完善生态补偿制度，蚂蚁森林将 GEP 核算用于评估企业生态恢复公益项目的生态效益。截至 2021 年 8 月，全国已有青海、贵州、海南、浙江、内蒙古等省份，深圳、丽水、抚州、甘孜、普洱、兴安盟等 23 个市（州、盟）以及阿尔山、开化、赤水等 100 多个县（市、区）开展了 GEP 核算试点示范工作。在试点的基础上，生态环境部牵头出台了《生态系统评估 生态系统生产总值（GEP）核算技术规范》等 GEP 核算标准。2021 年 3 月，联合国统计委员会正式将 GEP 纳入最新的环境经济核算系统——生态系统核算框架（SEEA-EA）中，将 GEP 作为生态系统服务和生态资产价值核算指标、联合国 2050 年可持续发展目标的评估指标。

通过 GEP 核算摸清家底只是第一步，推动生态产品价值实现、有效激励生态文明建设才是最终目的。仅仅是给山、水、空气等生态产品贴了“价格标签”，而没有“卖”出去，无法实现它的生态价值，那 GEP 只是一个好看的数据，中看不中用。因此，必须不断丰富和完善 GEP 核算结果的应用，只有这样才能让 GEP 核算结果焕发出生机。浙江丽水市对此进行了深入探索，建立 GEP 核算实施机制，推进 GEP 核算结果“进规划、进考核、进政策”，探索基于 GEP 核算的生态产品价值实现机制，为本地生态产品价值实现提供了强大助力，推动丽水高质量绿色发展。

“进规划”，将生态产品价值实现纳入经济社会发展全局。丽水市委市政府从经济高质量发展和共同富裕全局出发，将 GDP 和 GEP 实现“两个较快增长”写入了《丽水市国民经济和社会发展第十四个五年规划和二〇三五年远景目标纲要》和《丽水加快跨越式高质量发展建设共同富裕示范区行动方案（2021—2025 年）》，明确了 GEP 达到 5 000 亿元等目标。此外，丽水市还编制了全国首个地级市《丽水市生态产品价值实现“十四五”规划》，明确把 GEP 核算作为生态产品价值实现的基础性制度。

“进考核”，调动领导干部在生态产品价值实现中的积极性。考核是领导干部干事立业的“指挥棒”。丽水市分别对政府部门和领导干部个人出台了考核办法。一方面，建立 GDP 和 GEP 双考核机制，出台《丽水市 GEP 综合考评办法》，将 GDP 和 GEP 双增长双转化等 5 类 91 项指标纳入市委综合考核，明确各地各部门在提供优质生态产品的职责。另一方面，建立融合生态产品价值实现的领导干部自然资源资产离任审计制度，在《丽水市领导干部自然资源资产离任审计实施办法（试行）》中，将生态产品价值实现机制审计内容在细则予以明确，压实领导干部责任。

“进政策”，发挥政府在生态产品价值实现中的引导作用。政策是生态产品价值实现的重要保障。丽水市将 GEP 核算结果用到财政金融政策中，充分发挥政府资金和金融政策的引导作用。在财政政策方面，浙江省在丽水试行了与生态产品质量和价值相挂钩的省级财政奖补机制，其中 GEP 绝对值、增长率指标的权重分别为 40%、60%。丽水市以公共生态产品政府供给为原则，建立基于 GEP 核算的生态产品政府采购机制。例如，云和县政府按照水源涵养、气候调节、水土保持和洪水调蓄四类调节服务生态产品价值的 0.1%～0.25%进行采购。在金融政策方面，丽水市创新推出了基于 GEP 收益权的“生态贷”。例如，景宁县建立了 GEP 增量政府采购制度，银行 GEP 增量的预期收益作为还款来源，推出基于GEP增量的信贷产品。青田县将确权与GEP相结合，探索颁发了全国首个生态产品产权证，并以生态产品的使用经营权为质押担保，推出基于GEP的直接信贷产品，激活GEP的经济价值和金融属性。丽水的探索实践为推动GEP向GDP转化、拓展“绿水青山就是金山银山”转化路径提供了经验。总的来看，目前GEP应用方面的成熟案例还不多，需要进一步探索。

2021年4月，中共中央办公厅、国务院办公厅印发了《关于建立健全生态产品价值实现机制的意见》，提出：“推进核算结果应用。推进生态产品价值核算结果在政府决策和绩效考核评价中的应用。”“在编制各类规划和实施工程项目建设时，结合生态产品实物量和价值核算结果采取必要的补偿措施，确保生态产品保值增值。”“推动生态产品价值核算结果在生态保护补偿、生态环境损害赔偿、经营开发融资、生态资源权益交易、国土空间规划管控等方面的应用。”“建立生态产品价值核算结果发布制度，适时评估各地生态保护成效和生态产品价值。”这为推动GEP应用指明了方向。

五、不断丰富和完善解决环境问题的经济手段

环境保护是一项复杂的系统工程，解决环境问题需要综合运用行政、法律、经济、技术和教育等手段。目前，我国环境管理以行政手段和法律手段等命令控制型手段为主、经济手段为辅。命令控制型手段对环境保护发挥了很大作用，促进了环境质量的改善，但其缺陷也很明显：用行政和法律手段很难准确地对污染的程度和治理难度进行平衡，结果是难以有效地治理污染；政府运用这类手段进行环境监管，需要设置众多的监管机构对企业的执行情况进行监督和检查，耗费了大量的人力物力。而且，为方便管理，政府在制定环境标准时，往往会采用“一

刀切”的做法，不顾个体差异，社会总费用高昂。与命令控制型手段相比，环境管理的经济手段有许多优越性：一是经济手段是以市场为基础，通过间接宏观调控改变市场信号，影响污染者的经济利益，引导其改变行为，这种间接宏观调控不需要全面监督管理对象的微观活动，大大降低了政府执行成本。二是经济手段通过市场媒介，把保护和改善环境的责任从政府转交给污染者，让他们自己选择缴费或治污，增强了污染者的环保意识和治污的积极性。三是经济手段具有更高的灵活性，对政府来说，修改或调整一种收费相比于调整一项法律或规章制度更加灵便；对污染者来说，可以根据有关的收费情况来做出相应的预算，并在此基础上进行选择（治污或缴费）。

在谈到环境保护经济手段时，一个绕不开的理论是外部性理论。经济外部性理论是环境保护经济手段的理论基础，它一方面揭示了现代经济活动中出现的一些资源配置低效率现象的根源，另一方面又为如何解决环境外部不经济性问题提供了可供选择的思路和方向。对经济外部性理论进行分析，不但能使我们准确理解市场失灵与环境外部性的关系，而且对我们在建立社会主义市场经济的过程中，如何更多地采用经济手段来保护和改善环境提供许多启示。

外部性是指经济主体对他人造成损害或带来利益，却不必为此支付成本或者得不到应有的补偿。外部性可以分为正外部性和负外部性。正外部性是指一种经济活动给其外部造成积极影响，引起他人效用增加或成本减少，如城市中的教育、公共交通等公共物品均能产生积极的外部效应。负外部性是经济人的行为对外界具有一定的侵害性或损伤，引起他人效用降低或成本增加，环境污染就是典型的负外部性问题。以一条河流为例，它的水质变差是由周边的企业排污所引起的。水质变差给人们身体健康造成了损害。治理这条受污染的河流增加了社会成本，人们为了看病治病也增加了额外支出，但排污的企业并不承担这个外部成本，而是由整个社会来承担，所以是一个负外部性问题。

解决外部性问题，从经济学的角度讲，就是将外部成本内部化。一种普遍的做法是，政府通过征收环境税（也称庇古税，征收环境税的政策思路最早是由英国经济学家庇古在对外部性根源进行大量分析后提出的），将企业排污产生的外部成本转化为企业的内部成本，提高企业不治理、不保护、不节约的成本，迫使企业在利益最大化的原则下，自发地减少污染行为的发生。这一方法，在全球取得了较好的治理效果。我国于 2016 年 12 月通过了《中华人民共和国环境保护税法》，并于 2018 年 1 月 1 日起施行，正式开征环境税。这一方法的难点之一是，难以确定最优的税目和税率。税率足够高，才能迫使企业保护环境而不至于隔靴搔痒；又要适度，否则将给予企业过大的成本压力，导致企业生产经营难以为继。从外部性的角度来看，税率应该使私人边际成本等于社会边际成本，这样就可以保证资源配置的有效性。但在实际实施当中，由于私人边际成本和社会边际成本都是难以确定、时刻变动的，而对污染水平的测定也具有一定难度，且成本较高，时刻保持环境税税率的最优化是难以实现的，也是不经济的。同时，环境税由政府税收部门主导，而税收具有比较显著的地方性，有可能导致企业与地方政府互相勾结，造成税收红利的失效以及腐败的产生，使其本身难以对以整个社会为主体的污染排放水平进行控制。因此，单一采取征收环境税这种办法的效果也是有限的。

征收环境税主要是依靠政府的力量使外部成本内部化，还有一种方法是“政府＋市场”相结合的方法，如排污许可制，也称排污权交易制度。政府制定污染物排放量的上限，按此上限向排污企业发放排污许可证，排污配额可以在市场上进行买卖。排污许可证的实施，意味着企业为取得排污权需要付出成本，这样就将外部化的成本计入了企业的经营成本，达到外部成本内部化的目的。而且，企业通过技术改造，降低了排污量，可以向其他企业出售多余的排污配额，从而获得收益。该制度实现了“政府外部监管、市场内部激励”相结合，不仅保证了企业经营成本的真实性、完整性，也保证了整个社会污染物的排放量限定在总量控制之内，能够达到保护环境的目的。这种方法的主要优势在于可以运用市场机制对污染物的数量和种类进行控制和管理。因此，这一方法也被认为是比征收环境税更为先进的一种工具。在多年试点的基础上，2020 年 12 月 9 日，国务院常务会议通过《排污许可管理条例》，决定自 2021 年 3 月 1 日起施行，并把排污许可制定位为固定污染源环境管理核心制度，全面实行。这一制度的难点在于，企业“按证排污，自证守法”，环境部门证后监管任务繁重，成本较大。

总的来看，在当前“排污许可制＋环境税”的双重管理下，企业排污成本大幅提高，倒逼企业绿色转型升级，有力减少了污染排放。但由于排污许可制由环境部门主管，环境税由税务部门主管，两者之间衔接还不够顺畅，还需要从完善法律法规体系、建立协同作战机制、建立核算复核机制、建立大数据共享机制等方面，构建排污许可制与环境税衔接耦合机制，使两者发挥出最大协同效应。

在研究环境保护经济手段时，还有一个需要关注的理论是“公地悲剧”理论。1968 年，英国著名学者加勒特·哈丁在《科学》杂志上发表了《公地的悲剧》一文，首次提出“公地悲剧”理论模型。“公地悲剧”：一群牧羊人面对向他们免费开放的公共草地，明知草地承载能力有限，但为了多获利，每个牧羊人都想多养一只羊，而当所有的牧羊人都跟进，草地就会因过度使用而枯竭，从而所有羊都因无草可吃而死亡，最终导致所有牧羊人破产。之所以叫悲剧，是因为每个当事人都知道资源将由于过度使用而枯竭，但每个人对阻止事态的继续恶化都感到无能为力。生态环境是最公平的公共产品，生态环境问题是典型的“公地悲剧”问题。例如，公海渔业捕捞问题，自 20 世纪 30 年代起，世界大多数近海国家都因为过度捕捞而出现渔业资源不足，而由于“公海捕鱼自由”这项国际规则的存在，各国纷纷把目光投向了公海。在作为“海洋公地”的公海之上，有 2/3 的渔业存量被过度捕捞，是国家管控海域的 2 倍。非法、不报告和无管制捕捞活动的捕捞价值达到相当于全球渔业产值的 1/4。

“公地悲剧”发生的根源在于：人是自私的、功利的，公共产品属性是公有而非私有，出于私利，每个人都想多使用、多占有公共资源而不是保护，结果必然导致公共资源的枯竭、公共空间的恶化，最后每个人都要为之付出代价。经济学家们也给出了破解“公地悲剧”的办法，就是改变公共产品的共有属性，将其私有化，即把这块草地分割确权给所有牧羊人，作为他们各自的私人领地，那每个人都会出于自己的长远利益来保护好这块草地，尽量保持草地的质量，不会过度放牧。就公海渔业捕捞“公地悲剧”来讲，应对方式有宏观层面的设立专属经济区和微观层面的设置配额制度。专属经济区的设立实际上是对公海进行了“私有化”，虽然在专属经济区内并没有完整的主权，但《联合国海洋法公约》规定，沿海国拥有对专属经济区内自然资源的勘探、开发、养护和管理的权限，以及经济性开发、勘探的权利。目前原有公海的约35％的区域被法定地纳入主权国家的管辖范围之内。

然而，并不是所有生态环境中的“公地悲剧”问题，都可以简单地套用私有化这一招，这是因为，空气、河流、海洋都是流动的，无法进行私有化，其公共产品的属性难以改变。也正因为此，我们在面对生态环境问题特别是气候变暖、海洋污染等全球性环境问题时，显得束手无策。比如，各国在向天空排放废气时都似乎理直气壮，但在应对气候变化上则你推我让，很少有国家像中国那样负责任。再如，日本要把核污水倒入大海，这符合它的利益，但太平洋乃至全球则要承担由此带来的污染后果，这无疑是一个“公地悲剧”。然而，现在受影响的国家除了谴责、抗议外，似乎没有什么好办法来制止这个“悲剧”的发生。

当然，对一个国家、一个地方来讲，政府还可以通过征税、罚款、排污权、损害赔偿等方式解决“公地悲剧”问题。比如，2017 年 12 月，中共中央办公厅、国务院办公厅发布《生态环境损害赔偿制度改革方案》，明确自 2018 年 1 月 1 日起，在全国试行生态环境损害赔偿制度。2022 年 4 月，经中央全面深化改革委员会审议通过，生态环境部联合国家最高司法机关和有关部门印发《生态环境损害赔偿管理规定》。目前，我国已初步构建起责任明确、途径畅通、技术规范、保障有力、赔偿到位、修复有效的生态环境损害赔偿制度。生态环境损害赔偿制度被认为是我国破解生态环境“公地悲剧”困局的一大制度创新。这一制度的要害在于明晰产权，即在明确自然资源生态环境的所有权基础上破题，使“公物有主”，变“公地悲剧”这样的“无主之债”为“有主之债”。《生态环境损害赔偿制度改革方案》明确了政府代行自然资源生态环境所有权以及损害赔偿权利人，而且可量化、可评估、可问责，受损害的群众也可以通过公益诉讼等渠道捍卫环境权益，这就等于在环境污染追责上做到了明确责任主体和索赔主体，将有效倒逼企业切实做到“谁污染、谁治理”，解决长期困扰我们的“企业污染、群众受害、政府买单”的难题。但在实施过程中也碰到了一些难题。一是目前生态环境损害评估体系尚未完全建立，而先进行损害评估，却是索赔、追责的前提和依据。二是社会组织在生态环境损害赔偿制度实施过程中能够发挥什么样的作用，生态环境损害赔偿诉讼与符合条件的社会组织等提起的环境公益诉讼是一种什么样的关系，还需要进一步明确。三是地方政府、官员也像“牧羊人”，也会在公地里追求自己的利益，有可能对环境损害睁一只眼闭一只眼。比如，一些城市为了做大 GDP，一些官员为了政绩，就大上高能耗、高排放的项目，对企业的排污行为也睁一只眼闭一只眼，全然不顾对环境的破坏和对下游城市的污染。所幸，国家及时看到了这种政绩考核的弊端，在对干部的考核体系中，生态环境保护相关指标越来越多、权重也越来越大，保护生态环境已经成为一条红线。

总的来看，征收环境税、排污许可制、生态环境损害赔偿制度等经济手段在我国环境保护工作中已得到了应用，并且收到了一定的效果，但还需要进一步丰富完善并开发更多实用的经济手段。另外，还要进一步研究探索，使经济手段与行政、法律、技术和教育等手段更好地配合，从而发挥出强大的综合效用。

第五章　推进中国生态文明建设高质量发展

建设生态文明，是实现人与自然和谐发展的必然要求，关系人民福祉，关乎民族未来，在任何时候都不可松懈。当前，我国已经进入了全面建成社会主义现代化强国、实现第二个百年奋斗目标的新发展阶段，我国生态文明建设进入了以降碳为重点战略方向、推动减污降碳协同增效、促进经济社会发展全面绿色转型、实现生态环境质量改善由量变到质变的关键时期。必须坚持以习近平生态文明思想为指引，完整、准确、全面贯彻新发展理念，保持生态文明建设战略定力，站在人与自然和谐共生的高度来谋划经济社会发展，坚持节约资源和保护环境的基本国策，坚持节约优先、保护优先、自然恢复为主的方针，形成节约资源和保护环境的空间格局、产业结构、生产方式、生活方式，统筹污染治理、生态保护、应对气候变化，促进生态环境持续改善，努力建设人与自然和谐共生的现代化。党的十九届五中全会通过的《中共中央关于制定国民经济和社会发展第十四个五年规划和二〇三五年远景目标的建议》明确提出："十四五"时期，生态文明建设要实现新进步，国土空间开发保护格局得到优化，生产生活方式绿色转型成效显著，能源资源配置更加合理、利用效率大幅提高，主要污染物排放总量持续减少，生态环境持续改善，生态安全屏障更加牢固，城乡人居环境明显改善；到

2035 年，广泛形成绿色生产生活方式，碳排放达峰后稳中有降，生态环境根本好转，美丽中国建设目标基本实现。党的二十大报告在部署今后一个时期生态文明建设工作时指出，推进美丽中国建设，坚持山水林田湖草沙一体化保护和系统治理，统筹产业结构调整、污染治理、生态保护、应对气候变化，协同推进降碳、减污、扩绿、增长，推进生态优先、节约集约、绿色低碳发展。围绕实现这些目标任务，当前推进生态文明建设，应当把握好以下几点。

一、坚持新时代中国生态文明建设的指导思想

一个民族要走在时代前列，就一刻不能没有理论思维，一刻不能没有正确思想指引。习近平生态文明思想是习近平新时代中国特色社会主义思想的重要组成部分，是我们党不懈探索生态文明建设的理论升华和实践结晶，是马克思主义基本原理同中国生态文明建设实践相结合、同中华优秀传统生态文化相结合的重大成果，是以习近平同志为核心的党中央治国理政实践创新和理论创新在生态文明建设领域的集中体现，是人类社会实现可持续发展的共同思想财富，是新时代我国生态文明建设的根本遵循和行动指南。

（一）习近平生态文明思想丰富发展了马克思主义人与自然关系理论

马克思深入阐释人与自然辩证统一的关系，认为人与自然是以实践为中介的有机统一关系。一方面，自然界为人类提供生存所需的物质资料和精神给养，是人类得以生存和继续发展的物质基础。人是不能脱离自然界而独立存在的，人需要依靠它生活。另一方面，自然是属人的存在，“被抽象地孤立地理解的、被固定为与人分离的自然界，对人说来也是无”。人类能够认识自然规律，并按一定的规律作用于自然；人类

的社会实践调节着人与自然之间的关系。马克思还对资本主义社会的生产方式进行了批判，认为“资本主义生产方式以人对自然的支配为前提”，这种人类异化的生存状态，将导致人与自然的多重矛盾。在马克思主义强调人与自然的关系是人类社会最基本的一对关系的基础上，习近平生态文明思想提出人与自然是生命共同体，强调人与自然和谐共生，着力实现人与自然、发展与保护的有机统一，致力于促进人的全面发展的核心价值，在社会主义共同富裕内涵的基础上，强化了人与自然和谐共生的新特征，增强了中国特色社会主义制度优势。习近平生态文明思想在实践中创造性地提出了“绿水青山就是金山银山”，打破了关于自然资源的传统认识，阐明了保护生态环境就是保护生产力、改善生态环境就是发展生产力的内核实质，揭示了社会主义生态文明发展的本质规律，极大地丰富和拓展了马克思主义生产力理论的内涵和范围。习近平生态文明思想对人与自然的认识，贯穿了马克思主义历史唯物主义和辩证唯物主义的哲学思维，创造性地丰富和拓展了马克思主义的自然观和发展观，是正确处理人与自然、发展与保护关系的科学指南。

（二）习近平生态文明思想传承和弘扬了中华优秀传统生态文化

中华文明 5 000 多年生生不息，积淀了丰富的生态智慧。历代先贤的生态智慧为习近平生态文明思想奠定了历史文化基础。习近平生态文明思想充分吸纳中华优秀传统生态文化的时代价值，在集众家之大成、取思想之精髓、汲历史之营养的传承基础上，融合当前社会发展要求，提出了“生态兴则文明兴，生态衰则文明衰”等重要论述，肯定了生态环境变化直接影响文明的兴衰演替，是对中华文明中朴素生态智慧的深刻理解和弘扬。习近平生态文明思想的核心理念“人与自然和谐共生”“山水林田湖草沙是生命共同体”与中华优秀传统文化“天人合一”“道法自然”“众生平等”的生态思想一脉相承。而且，在物质文明高度发达的当今，习近平生态文明思想强调尊重自然、顺应自然、保护自然，实施山水林田湖草沙系统治理，在更高层次上实现人与自然、环境与经济、人与社会的和谐，这比生产力低下的古代朴素的生态智慧更具时代意义，是推动中华文明历史和创新发展的动力之源。

（三）习近平生态文明思想拓展了全球生态治理的可持续发展理念

在全球范围内，从《联合国人类环境会议宣言》《我们共同的未来》《增长的极限》，到《21 世纪议程》，再到《2030 年可持续发展议程》，人类对于自身与自然的关系、发展与保护的关系的反思不断深入，在徘徊探索中提出并逐步实施可持续发展战略。习近平生态文明思想也是人类社会反思和探索的重要成果。中国作为负责任的发展中大国，积极参与全球生态治理，加强应对气候变化、海洋污染治理、生物多样性等领域国际合作，自觉履行国际公约，主动承担环境治理义务，为全球可持续发展做出了中国贡献。习近平生态文明思想从构建人类命运共同体的高度出发，提出全球发展倡议，呼吁构筑尊崇自然、绿色发展的生态体系，共同构建地球生命共同体，共同建设清洁美丽的世界，深化和丰富了世界可持续发展理论，为后发国家避免传统发展路径依赖和锁定效应提供了可资借鉴的模式和经验。

总之，习近平生态文明思想是新时代生态文明建设的根本遵循与最高准则，在全面建设社会主义现代化国家的新征程中，我们必须真学笃行，准确把握其重大意义，掌握贯穿其中的马克思主义立场观点方法，在国际与国内、历史与现实对比中深化理解，发自内心增进认同，与时俱进彻底改变老观念、老思维、老办法，真正将其内化于心、外化于行。

二、实现绿色发展是生态文明建设高质量发展的关键

绿色发展是从源头突破我国资源环境约束瓶颈、提高发展质量的关

键。习近平指出，绿色发展是生态文明建设的必然要求。在五大新发展理念中，绿色发展是其中之一。党的十八大以来，我国贯彻新发展理念，以经济社会发展全面绿色转型为引领，坚持走生态优先、绿色低碳的发展道路，在做好经济增长“加法”的同时，做好能源资源消耗和环境损害的“减法”，产业结构、能源结构、交通运输结构不断优化。2012—2021年，全国单位GDP二氧化碳排放下降了34.4%，我国高技术制造业增加值占规模以上工业增加值比重提高到15.1%，清洁能源占能源消费总量的比重上升到25.5%，水电、风电、光伏发电、生物质发电装机规模世界第一，新能源汽车产销量居世界首位，绿色越来越成为高质量发展的底色。下一阶段，如何进一步推进绿色发展？党的二十大报告明确指出，加快发展方式绿色转型；加快推动产业结构、能源结构、交通运输结构等调整优化；实施全面节约战略，推进各类资源节约集约利用，加快构建废弃物循环利用体系；完善支持绿色发展的财税、金融、投资、价格政策和标准体系，发展绿色低碳产业，健全资源环境要素市场化配置体系，加快节能降碳先进技术研发和推广应用，倡导绿色消费，推动形成绿色低碳的生产方式和生活方式。具体来讲，可着力在以下几个方面下功夫。

（一）加快发展绿色经济

推动绿色发展是国际潮流所向、大势所趋，绿色经济已经成为全球产业竞争制高点。“绿色经济”表示一种“可承受的经济”“可持续的经济”，是一种在充分考虑生态、社会、人类自身等能承受的容量下实现经济社会可持续发展的经济发展形式。习近平最早提“绿色经济”概念，是在2003年浙江省第十届人民代表大会第一次会议上做的《政府工作报告》中，他提出：“以营造绿色环境、发展绿色经济为主要内容，加强生态省建设为主要载体，全面建设绿色浙江。”此后，习近平针对不同地区的发展问题，多次提到加快发展绿色经济。2015年12月，在围绕贯彻党的十八届五中全会精神做好当前经济工作的会议上，习近平提出："要更加注重促进形成绿色生产方式和消费方式。保住绿水青山要抓源头，形成内生动力机制。要坚定不移走绿色低碳循环发展之路，构建绿色产业体系和空间格局，引导形成绿色生产方式和生活方式，促进人与自然和谐共生。"2016 年 12 月，在中央财经领导小组第四次会议上，习近平指出："加快生态文明建设，加强资源节约和生态环境保护，做强做大绿色经济。"党的十九大报告提出，要"加快建立绿色生产和消费的法律制度和政策导向，建立健全绿色低碳循环发展的经济体系"。2021 年 2 月，在中国-中东欧国家领导人峰会上，习近平提出"我们要推动'绿色发展'，以 2021 年'中国-中东欧国家合作绿色发展和环境保护年'为契机，深化绿色经济、清洁能源等领域交流合作"。

绿色经济是实现绿色发展的重要内容，今后一个时期，我国发展绿色经济可从以下几个方面发力。

一是加快形成绿色发展方式。深入实施智能制造和绿色制造工程，发展服务型制造新模式，推动制造业高端化智能化绿色化，改造提升传统产业，完善绿色制造体系。坚决遏制高耗能、高排放项目盲目发展。壮大生态环保、清洁生产、清洁能源、基础设施绿色升级、绿色服务等产业，推广合同能源管理、合同节水管理、环境污染第三方治理等服务模式。推动煤炭等化石能源清洁高效利用，推进钢铁、石化、建材等行业绿色化改造，加快大宗货物和中长途货物运输"公转铁""公转水"。推动城市公交和物流配送车辆电动化。构建市场导向的绿色技术创新体系，实施绿色技术创新攻关行动，开展重点行业和重点产品资源效率对标提升行动。建立统一的绿色产品标准、认证、标识体系，完善节能家电、高效照明产品、节水器具推广机制。构建绿色供应链，鼓励企业开展绿色设计、选择绿色材料、实施绿色采购、打造绿色制造工艺、推行绿色包装、开展绿色运输、做好废弃产品回收处理，实现产品全周期的绿色环保。提高服务业绿色发展水平，促进商贸企业绿色升级，培育一批绿色流通主体；有序发展出行、住宿等领域共享经济，规范发展闲置资源交易。

二是推动能源体系绿色低碳转型。推进能源革命，建设清洁低碳、安全高效的能源体系，提高能源供给保障能力。坚持节能优先，完善能源消费总量和强度双控制度，重点控制化石能源消费，逐步转向碳排放总量和强度“双控”制度。提升可再生能源利用比例，大力推动风电、光伏发电发展，因地制宜发展水能、地热能、海洋能、氢能、生物质能、光热发电。加快大容量储能技术研发推广，提升电网汇集和外送能力。增加农村清洁能源供应，推动农村发展生物质能。促进燃煤清洁高效开发转化利用，继续提升大容量、高参数、低污染煤电机组占煤电装机的百分比。

三是加快农业绿色发展。鼓励发展生态种植、生态养殖，加强绿色食品、有机农产品认证和管理。发展生态循环农业，提高畜禽粪污资源化利用水平，推进农作物秸秆综合利用，加强农膜污染治理。大力推进农业节水，推广高效节水技术。推行水产健康养殖。推进农业与旅游、教育、文化、健康等产业深度融合，加快一二三产业融合发展。

四是构建绿色发展政策体系。强化绿色发展的法律和政策保障。推动完善促进绿色设计、强化清洁生产、提高资源利用效率、发展循环经济、严格污染治理、推动绿色产业发展、扩大绿色消费、实行环境信息公开、应对气候变化等方面的法律法规制度。实施有利于节能环保和资源综合利用的税收政策。推进固定资产投资项目节能审查、节能监察以及重点用能单位管理制度改革。健全绿色收费价格机制。完善能效、水效“领跑者”制度。强化高耗水行业用水定额管理。完善污水处理收费政策，按照覆盖污水处理设施运营和污泥处理处置成本并合理盈利的原则，合理制定污水处理收费标准，健全标准动态调整机制。按照产生者付费原则，建立健全生活垃圾处理收费制度。完善节能环保电价政策，推进农业水价综合改革，继续落实好居民阶梯电价、气价、水价制度。

（二）加快发展绿色金融

绿色金融是指为支持环境改善、应对气候变化和资源节约高效利用的经济活动，即对环保、节能、清洁能源、绿色交通、绿色建筑等领域的项目投融资、项目运营、风险管理等所提供的金融服务。与传统金融相比，绿色金融最突出的特点是，它更强调人类社会的生存环境利益，将对环境保护和对资源的有效利用程度作为计量其活动成效的标准之一，通过自身活动引导各经济主体注重自然生态平衡，它讲求金融活动与环境保护、生态平衡的协调发展，最终实现经济社会的可持续发展。绿色金融可以促进环境保护及治理，引导资源从高污染、高能耗产业流向理念、技术先进的部门，是实现绿色发展的重要举措。德国是国际绿色金融的主要发源地之一，早在 1974 年，当时的联邦德国就成立了世界第一家政策性环保银行，命名为“生态银行”，专门负责为一般银行不愿接受的环境项目提供优惠贷款。英国于 2012 年建立了绿色投资银行，主要提供绿色项目的股权投资。美国的《超级基金法案》规定，如果银行贷款给一个项目，而这个项目发生了污染土壤的事故，银行就要承担连带责任，受影响的居民可以起诉银行。这对银行构成强有力的约束，迫使银行强化环境风险管理，同时在内部信贷审批流程、贷后管理、人才培训、法律风险管理等方面做出更大努力。2002 年，世界银行下属的国际金融公司和荷兰银行召开的“商业银行会议”，提出“赤道原则”。该准则要求金融机构在向一个项目投资时，要对该项目可能造成的环境影响进行评估，并且利用金融杠杆促进该项目在环境保护方面发挥积极作用。现在，“赤道原则”已成为国际项目融资的新标准，全球已有 60 多家金融机构宣布采纳“赤道原则”，其融资额约占全球项目融资总额的 85%。除了政府级别的参与，国外的企业，大部分自愿投保环境污染责任险。可以发现，绿色金融已经成为国际金融业发展的新方向和新趋势。

我国绿色金融萌芽于1995年中国人民银行发布的《关于贯彻信贷政策与加强环境保护工作有关问题的通知》。党的十八大以来，以习近平同志为核心的党中央高度重视绿色发展。2015年，中共中央、国务院印发《生态文明体制改革总体方案》，首次明确了建立中国绿色金融体系的顶层设计方案。2016年，全国两会通过“十三五”规划纲要，明确提出要建立现代金融体系，支持绿色金融发展。2016年，党中央、国务院批准中国人民银行牵头制定发布《关于构建绿色金融体系的指导意见》，我国成为全球首个由中央政府推动构建绿色金融体系的国家。党的十九大报告提出“构建市场导向的绿色技术创新体系，发展绿色金融，壮大节能环保产业、清洁生产产业、清洁能源产业”。党的十九届五中全会通过的《中共中央关于制定国民经济和社会发展第十四个五年规划和二〇三五年远景目标的建议》明确提出，强化绿色发展的法律和政策保障，发展绿色金融。截至2021年末，我国本外币绿色贷款余额15.9万亿元，同比增长33%，存量规模居世界第一；绿色债券累计发行量为1 992亿美元（近1.3万亿元人民币），居世界第二。绿色金融成为推动我国经济绿色发展的关键力量。

当前，我国加快绿色金融发展，可从以下几个方面着力：一是促进绿色金融与其他特色金融业态或金融服务联动发展，支持大型金融机构开展绿色金融综合经营。支持发展绿色信贷和绿色直接融资。统一绿色债券标准，建立绿色债券评级标准。发展绿色保险，发挥保险费率调节机制作用。支持符合条件的绿色产业企业上市融资。二是促进金融科技在绿色金融发展中发挥更大作用。支持金融机构加大在绿色金融发展方面的科技投入力度，在运用技术手段开展绿色金融产品和服务创新方面给予专业指导。三是加强绿色金融国际合作。推动国际绿色金融标准趋同，有序推进绿色金融市场双向开放。根据现实基础和实际需要，选择部分地区如自贸试验区、海南自贸港等优先开展绿色金融国际合作试点，重点推动在绿色金融产品创新、标准制定、中介服务、信息披露、跨境数据共享等方面深化合作。支持金融机构和相关企业在国际市场开展绿色融资。四是建立有效的绿色金融考核激励机制。一方面，充分发挥好宏观审慎评估、央行金融机构评级等央行政策和审慎管理工具，对于在发展绿色金融方面表现优异的金融机构，给予更多正向激励支持，同时可考虑设立相关专项奖励。另一方面，通过建立相关机制，鼓励银行、保险、证券、基金等各类金融机构加强跨业合作，促进跨业绿色金融产品联动创新。五是加大绿色金融专业人才培养。依托绿色金融领域的各层级协会和学会，积极开展绿色金融项目培训。支持高等院校开设绿色金融课程，探索设立绿色金融本科专业或者硕士、博士方向。鼓励金融机构与高等院校、科研机构加强合作，共同设立绿色金融创新发展研究室，培养兼具理论和实践经验的绿色金融专业人才。

（三）促进绿色消费

绿色消费，是指以节约资源和保护环境为特征的消费行为，主要表现为崇尚勤俭节约，减少损失浪费，选择高效、环保的产品和服务，降低消费过程中的资源消耗和污染排放。绿色消费包括的内容非常宽泛，不仅包括绿色产品，还包括物资的回收利用、能源的有效使用、对生存环境和物种的保护等，可以说涵盖生产行为、消费行为的方方面面。促进绿色消费，既是传承中华民族勤俭节约传统美德、弘扬社会主义核心价值观的重要体现，也是顺应消费升级趋势、培育新的经济增长点、推动高质量发展的重要手段，更是缓解资源环境压力、建设生态文明的现实需要。习近平总书记在党的十九大报告中明确指出，要建立健全绿色低碳循环发展的经济体系，倡导绿色低碳的合理消费理念；在党的二十大报告中明确指出，要倡导绿色消费，推动形成绿色低碳的生产方式和生活方式。促进绿色消费应当抓好以下几个方面的工作。

一是促进绿色产品消费。充分发挥政府在绿色消费中的引领作用，着力建设节约型机关，加大政府绿色采购力度，扩大绿色产品采购范围，逐步将绿色采购制度扩展至国有企业。加强对企业和居民采购绿色产品的引导，鼓励地方采取补贴、积分奖励等方式促进绿色消费。推动电商平台设立绿色产品销售专区。加强绿色产品和服务认证管理，完善认证机构信用监管机制。推广绿色电力证书交易，引领全社会提升绿色电力消费。严厉打击虚标绿色产品行为，有关行政处罚等信息纳入国家企业信用信息公示系统。

二是倡导合理消费，力戒奢侈浪费。厉行节约，在生产、流通、仓储、消费各环节落实全面节约。坚决制止餐饮浪费行为，杜绝公务活动用餐浪费，在政府机关和国有企事业单位食堂实行健康科学营养配餐，条件具备的地方推进自助点餐计量收费，减少餐厨垃圾产生量。餐饮企业应提示顾客适当点餐，鼓励餐后打包，合理设定自助餐浪费收费标准。倡导婚丧嫁娶等红白喜事从简操办，推行科学文明的餐饮消费模式，提倡家庭按实际需要采购加工食品，争做“光盘族”。加强粮食生产、收购、储存、运输、加工、消费等环节管理，减少粮食损失浪费。因地制宜推进生活垃圾分类和减量化、资源化，开展宣传、培训和成效评估。扎实推进塑料污染全链条治理。推进过度包装治理，推动生产经营者遵守限制商品过度包装的强制性标准。深入开展爱国卫生运动，整治环境脏乱差，打造宜居生活环境。

三是倡导绿色生活方式。合理控制室内空调温度，推行夏季公务活动着便装。完善居民社区再生资源回收体系，有序推进二手服装再利用。抵制珍稀动物皮毛制品。推广绿色居住，减少无效照明，减少电器设备待机能耗，提倡家庭节约用水用电。提升交通系统智能化水平，积极引导绿色出行，鼓励步行、自行车和公共交通等低碳出行。鼓励消费者旅行自带洗漱用品，提倡重拎布袋子、重提菜篮子、重复使用环保购物袋，减少使用一次性日用品。制定发布绿色旅游消费公约和消费指南。支持发展共享经济，鼓励个人闲置资源有效利用，有序发展网络预约拼车、自有车辆租赁、民宿出租、旧物交换利用等，创新监管方式，完善信用体系。

（四）加快绿色就业发展

“绿色就业”首次提出是在澳大利亚自然保护基金会和澳大利亚工会理事会联合发布的《工业中的绿色就业报告（1994）》中。联合国环境规划署在一项报告中这样定义“绿色就业”：“绿色就业是指在农业、制造业、研发部门、行政部门中从事有助于保护和维护环境质量的工作。”此概念包括两层含义：一是指新增绿色就业岗位，二是指已有的就业岗位“变绿”。新增绿色就业岗位，指的是由于各种环保项目的开展和可再生能源的普及使用，许多以前从未出现的绿色就业岗位被创造出来。如设备装配师、设备运营师、电器工程师等。已有的就业岗位“变绿”，是指劳动力市场已经存在的就业岗位将会被改造，改造后的岗位将更加符合保护生态环境的要求。这些岗位通过提高技术和改变工作方法，能够减少污染物的排放，并降低能源的消耗。

美国走在绿色就业的前列。奥巴马上台后，美国推行“绿色经济复兴计划”，将发展新能源作为重点领域之一，大力发展太阳能、风能和生物能源等清洁能源，为了推动就业，还出台了“绿色就业与培训计划”，将绿色就业提升到战略高度；欧盟将发展绿色产业视为“新的工业革命”，英国实施“低碳转型计划”，细化绿色产业发展带动就业的各项指标；2009 年日本政府公布了“绿色经济与社会变革”政策，通过环境措施在实现经济复苏、创造就业岗位的同时，解决全球气候变暖等环境问题；2009 年韩国提出“低碳绿色增进经济振兴战略”，投资绿色生态项目（包括绿色交通网络等）380 亿美元，由此产生 96 万个新就业机会。各国绿色就业的探索和发展为我国实施绿色就业提供了值得借鉴的宝贵经验。近年来，我国政府相继出台政策、法规，推动绿色发展，比如2008年8月29日，《中华人民共和国循环经济与促进法》正式通过，2009年1月1日正式实施。《中华人民共和国节约能源法》《中华人民共和国可再生能源法》等相关法律法规也已开始执行。再比如，国务院于2005年颁布《关于加快发展循环经济的若干意见》，国家发展和改革委员会于2007年提出《可再生能源中长期发展规划》等。从长期来看，这些法规、政策会促进对低碳技术的大规模投资，通过技术进步和创新效应创造新的工作岗位，促进就业结构的优化，使劳动力转移到绿色行业产业中去，进而增加更多绿色、环保、体面的工作机会，带动绿色就业发展。

发展绿色就业是中国面对多重危机的战略性选择，绿色就业不是一蹴而就的事情，应当结合我国国情，兼顾现实发展与长远发展，走出一条具有中国特色的绿色就业之路。一是逐步绿化现行就业政策。对由于绿色经济转型而受到影响的人群，如建材、造纸、钢铁、电力、电解铝等行业中因为淘汰落后产能而失去工作的企业职工，应给予政策上的扶持。综合运用税收优惠、社会保险补贴、担保贷款和贴息等政策，鼓励企业雇用受影响的人群。同时，做好企业纾困解难工作，通过岗位补贴、职业培训补贴，缓缴社会保险费，降低社会保险费率等措施，促使企业尽可能多地保留和创造就业岗位。二是扶持一批绿色就业岗位。一方面，对新兴绿色行业企业给予一定政策上的支持，支持企业发展壮大，创造新的绿色就业岗位；另一方面，积极开发与环境保护相关的绿色公益岗位，优先安排就业困难人员。三是逐步建立绿色就业认证制度。通过认证绿色企业，授予绿色就业企业称号，并将其作为享受政府扶持的参考。

三、推进生态环境领域治理体系和治理能力现代化

生态环境领域治理体系和治理能力现代化，是国家治理体系和治理能力现代化的重要组成部分。党的十九届四中全会通过的《中共中央关于坚持和完善中国特色社会主义制度　推进国家治理体系和治理能力现代化若干重大问题的决定》提出“坚持和完善生态文明制度体系，促进人与自然和谐共生”，并从实行最严格的生态环境保护制度、全面建立资源高效利用制度、健全生态保护和修复制度、严明生态环境保护责任制度等方面做出制度性安排。党的十八大以来，在习近平生态文明思想的指引下，我国先后出台了《中共中央 国务院关于加快推进生态文明建设的意见》《生态文明体制改革总体方案》等纲领性文件，提出了“五位一体”“五个坚持”“四项任务”“四项保障机制”等改革内容，搭建起以自然资源资产产权、国土开发保护、空间规划体系、资源总量管理和节约、资源有偿使用和补偿、环境治理体系、市场体系、绩效考核和责任追究等 8 项制度为重点的生态文明建设制度框架，形成了源头严防、过程严管、后果严惩的生态文明制度体系；同时，开展了重点领域的体制改革。比如，已经完成或基本完成了自然资源资产产权制度、总量管理和全面节约制度、有偿使用制度等资源领域的改革任务；顺利进行了生态补偿制度、生态环境责任终身追究制度等生态保护和建设领域改革；深化了能耗总量和强度“双控”、用能权有偿使用与交易试点等能源领域改革；完善了国土空间用途管制制度；初步建立了新型国土空间规划体系；全面建立了河长制、湖长制、林长制；加快建立以国家公园为主体的自然保护地体系，推进国家公园体制试点工作，正式设立海南热带雨林国家公园等 5 个第一批国家公园；组建了生态环境部，统一行使生态和城乡各类污染排放监管与行政执法职责；整合有关部门的自

然资源保护职责组建了自然资源部，聚焦对自然资产的产权界定、确权、分配、流转、保值增值；建立了生态环境综合执法队伍，统一进行生态环保执法；基本完成了省以下生态环境机构监测监察执法垂直管理制度改革；等等。特别是中央生态环境保护督察制度的建立和实施，推动了习近平生态文明思想落实落地，压实了生态环境保护“党政同责”“一岗双责”，推动了甘肃祁连山生态环境破坏、陕西秦岭北麓违建别墅、青海木里矿区违法开采、吉林长白山违建高尔夫球场和别墅、云南昆明晋宁长腰山过度开发等一批破坏生态环境重大典型案件的查处，解决了一大批突出的生态环境问题，促进了经济高质量发展，也成为检验广大领导干部生态环境保护责任担当的试金石，取得了很好的政治效果、经济效果、环境效果和社会效果。习近平总书记对中央生态环境保护督察制度予以高度肯定，指出：“中央环境保护督察制度建得好、用得好，敢于动真格，不怕得罪人，咬住问题不放松，成为推动地方党委和政府及其相关部门落实生态环境保护责任的硬招实招。”总的来看，当前我国生态文明建设制度体系“四梁八柱”已建立，生态文明体制改革取得重大成果。但还有一些领域存在制度体系不够健全，改革不够深入、不够彻底，改革措施的系统性整体性协同性尚未充分有效发挥等问题。下一阶段，要进一步健全党委领导、政府主导、企业主体、社会组织和公众共同参与的现代环境治理体系，构建一体谋划、一体部署、一体推进、一体考核的制度机制，不断提升生态环境领域治理体系和治理能力现代化水平。

（一）深化生态文明管理体制改革

一是完善生态文明领域统筹协调机制，健全区域流域海域生态环境管理体制，建立地上地下、陆海统筹的生态环境治理制度。推动省以下生态环境机构监测监察执法垂直管理制度改革落实落地见效，切实按照新体制运行，做到真垂改，释放改革红利。探索开展区域环境综合治理托管服务模式和生态环境导向的开发模式试点。健全生态环境监测监管体系。完善环境保护、节能减排约束性指标管理，建立健全稳定的财政资金投入机制。

二是完善经济社会发展考核评价体系，把资源消耗、环境损害、生态效益等体现生态文明建设状况的指标，纳入经济社会发展评价体系，增加考核权重，强化指标约束，建立体现生态文明要求的目标体系、考核办法、奖惩机制，使之成为推进生态文明建设的重要导向和约束。近年来，中央制定印发了《生态文明建设目标评价考核办法》《绿色发展指标体系》《生态文明建设考核目标体系》《党政领导干部生态环境损害责任追究办法（试行）》等一系列文件，为开展生态文明建设目标评价考核提供了依据，要切实用好这个“指挥棒”。特别是要进一步完善和落实生态环境损害责任终身追究制。过去，有的地方官员为了片面追求GDP和政绩，选择上马一些损害环境的项目，当后果显现出来时，他可能已经升职、离任或退休了，这种情况下责任追究往往不了了之。针对这个痛点，习近平总书记强调，生态环境保护工作要建立责任追究制度，“对那些损害生态环境的领导干部，要真追责、敢追责、严追责，做到终身追责”，即要通过制度建设既确保“新官理旧账”，也确保“旧官不留下烂账”。

三是完善中央和省两级督察体制，构建横向到部门、纵向到地方的环保督察机制，形成事前、事中、事后全链条全覆盖的环境督察体系，推进环境保护“党政同责”“一岗双责”的落实，完善人大监督，深入改革环境监察内部监督，落实环保督察制度，推进环境行政诉讼制度建设，丰富其他监督方式，如加强民主监督、舆论监督、群众监督，形成共同对生态环境监察的监督机制。

（二）努力形成生态文明建设的市场化机制

生态产品既具有公益性、普惠性，也具有市场性、经营性。生态保护不能只靠行政的力量，由政府大包大揽，还要挖掘各类生态产品的商业价值，用好市场这只手去激励、推动各类主体积极参与生态文明建设。2021年4月，中共中央办公厅、国务院办公厅印发《关于建立健全生态产品价值实现机制的意见》，对相关工作进行了部署。应按照意见精神，建立健全生态产品价值实现机制，推进生态产业化和产业生态化，加快完善政府主导、企业和社会各界参与、市场化运作、可持续的生态产品价值实现路径，着力构建绿水青山转化为金山银山的政策制度体系，推动形成具有中国特色的生态文明建设新模式。加快健全有效市场和有为政府更好结合、分类补偿与综合补偿统筹兼顾、纵向补偿与横向补偿协调推进、强化激励与硬化约束协同发力的生态保护补偿制度。全面实行排污许可制，推进排污权、用能权、用水权、碳排放权市场化交易，打通绿水青山就是金山银山的路径，充分运用市场化手段、经济手段，让保护修复生态环境获得合理回报，让破坏生态环境付出相应代价。总之，生态环境保护一定不能仅仅是从道义上来推动，而要将其转变为一种市场行为、经济行为，如果仅仅是作为一种道义行为，那生态环境保护就是不可持续的。而一旦把它变成有回报、有补偿的一种行为，就会激发人们保护环境的内生动力。

（三）构建生态领域技术创新体系

绿色低碳发展必须依托创新发展所拥有的科技力量与智能资源，以生产与经营领域的科技创新成果为支撑，借力科技成果、劳动者知识与智慧把生产成本、经营成本降到最低，把生产和经营过程中产生的废弃物及其对环境造成的影响降到最低，依靠科技创新破解绿色发展难题，特别是关键技术难题，形成人与自然和谐发展新格局。应积极构建生态领域技术创新体系，推动生态文明建设相关技术创新发展。鼓励绿色低碳技术研发，重点围绕节能环保、清洁生产、清洁能源等领域布局一批前瞻性、战略性、颠覆性科技攻关项目。培育建设一批绿色技术国家技术创新中心、国家科技资源共享服务平台等创新基地平台。强化企业创新主体地位，支持企业整合高校、科研院所、产业园区等力量建立市场化运行的绿色技术创新联合体，鼓励企业牵头或参与财政资金支持的绿色技术研发项目、市场导向明确的绿色技术创新项目。加速科技成果转化，充分发挥国家科技成果转化引导基金作用，强化创业投资等各类基金引导，支持绿色技术创新成果转化应用。支持企业、高校、科研机构等建立绿色技术创新项目孵化器、创新创业基地。及时发布绿色技术推广目录，加快先进成熟技术的推广应用。加大参与国际标准制定的力度，争取在国际标准竞争中抢占先机。建立国家级绿色技术交易市场，规范绿色技术交易专项制度与秩序，培育一批懂技术、懂绿色发展、懂法律的高水平绿色技术创新“经纪人”，建立国际化、市场化、专业化的绿色科技成果转移转化机制。探索开通绿色技术知识产权服务“绿色快速通道”，打造知识产权审查、确权、维权一体化的综合服务体系，加大打击侵犯绿色技术知识产权行为的专项行动，强化绿色技术研发、示范、推广、应用、产业化各环节知识产权保护。完善绿色技术人才评价、考核和管理机制，激发绿色技术人才创新热情。

四、不断提升生态系统质量和稳定性

提升生态系统质量和稳定性，既是增加优质生态产品供给的必然要求，也是减缓气候变化、环境污染等带来不利影响的重要手段。“十三五”以来，通过加大推进重点领域和重要生态系统保护与修复、构建生态廊道和生物多样性网络、划定生态保护红线等政策的实施，我国生态保护修复工作取得显著成效，生态系统稳定性和服务功能得到明显提升。初步划定的生态保护红线面积比例不低于陆域国土面积的25%，各类自然保护地有1.18万个，国家级自然保护区有474个，各类自然保护地的面积占到陆域国土面积的18%，300多种珍稀濒危野生动植物野外种群得到了很好的恢复。开展大规模国土绿化行动，全面保护天然林，扩大退耕还林还草规模，截至2021年，全国森林覆盖率达到24.02%，森林蓄积量达到194.93亿立方米，森林面积和森林蓄积量连续保持“双增长”，草原综合植被盖度达到50.32%，湿地保护率达到52.65%。当前，虽然我国生态环境有了较大的改善，但生态系统整体质量和稳定性状况仍然不容乐观。我国中度以上生态脆弱区域占全国陆地国土空间面积的55%，其中极度脆弱区域占9.7%，重度脆弱区域占19.8%；全国水土流失面积273.69万平方公里，占陆地国土面积（不含港澳台）的28.6%；河道断流、湖泊萎缩、水质污染等问题仍然存在；森林覆盖率远低于全球平均水平，草原中度和重度退化面积占1/3以上；生物多样性指数下降，一些珍稀特有物种极度濒危。2021年5月至10月，我国云南的15头亚洲象冲出自己的栖息地西双版纳保护区“一路象北”，在北上和返回途中，亚洲象群得到我国有关部门和人民群众的友好相待、有效保护，让人们看到了人与动物和睦相处、其乐融融的场景，也让全世界看到了中国保护野生动物的成果。但也有专家分析，象群之所以离开原有的栖息地，很重要的原因是原有栖息地的生态系统受到了破坏，人为改变的森林结构导致保护区内的食物不够吃。尽管从表面数字来看，西双版纳保护区内的森林覆盖率是在逐年上升的，但森林覆盖率增高，不代表生态系统质量在提升。因为其中不小面积的森林并不是天然林，而是人工种植的橡胶林或桉树林。这两种林由于吸水力极强，且树高叶密，遮蔽阳光，导致林下不易生长灌木，既破坏了热带雨林的生态原真性、完整性，也使亚洲象可采食的植物逐年降低。

提升生态系统质量和稳定性对于促进人与自然和谐共生、建设美丽中国具有重大意义。党的十九届五中全会通过的《中共中央关于制定国民经济和社会发展第十四个五年规划和二〇三五年远景目标的建议》明确提出，提升生态系统质量和稳定性，并做出具体部署。党的二十大报告提出，提升生态系统多样性、稳定性、持续性。具体来讲，未来提升生态系统质量和稳定性要做到以下几个方面：

一是推进山水林田湖草沙系统治理。加快构建以国家公园为主体的自然保护地体系，健全自然保护地管理体制，完善自然保护地设立、晋（降）级、调整和退出规则，实施分级管理和差别化管控，强化监测、评估、监督、考核，压实管理责任；创新建设机制，加强自然保护地建设，分区分类开展受损自然生态系统修复；发挥政府主体作用，探索全民共享机制；完善自然保护地立法，定期开展监督检查行动。强化以流域为骨架的大江大河和重要湖泊湿地的生态保护体系，全面贯彻落实《长江保护法》和黄河流域生态保护修复战略，实施好长江十年禁渔。推行草原森林河流湖泊休养生息。通过“禁”“休”“轮”“种”等综合措施，实施封育保护、生态移民、舍饲圈养，扩大退耕还林还草，因地制宜开展草场保护治理，完善天然林保护制度，全面停止天然林商业性采伐，严厉打击乱砍滥伐、毁林挖草、非法开垦占用等违法行为。

二是实施生物多样性保护重大工程。强化多样性思维，以生物多样性提升生态系统的稳定性和健康水平。做好生物多样性监测调查，健全生物多样性观测网络，综合分析生物物种的丰富程度、珍稀濒危程度、受威胁程度，及时掌握生物多样性动态变化趋势，提高生物多样性的预警水平。完善生物多样性保护网络，统筹就地保护和迁地保护，加强重要物种栖息地保护，建设生物多样性保护廊道，修复受损或退化的生态系统。实施生物多样性有效保护，完善生物资源保存繁育体系，严厉打击乱捕滥猎野生动物、破坏野生动植物资源等行为。加强生物安全管理，完善监测预警及风险管理机制，防治外来物种侵害。

三是加强重点领域的生态保护修复。科学推进荒漠化、石漠化和水土流失的综合治理，确保国土空间安全。健全耕地休耕轮作制度，确保粮食安全。加强重点水源地保护，确保水资源水环境水生态安全。在长江、黄河上中游等水土流失重点治理区域，加强小流域综合治理和坡耕地综合整治。在东北黑土区，加快推进侵蚀沟治理，推广保护性耕作技术，加强黑土地保护。在北方防沙带、西南石漠化地区，合理调整土地利用结构，加强防护林体系建设、草原修复、水土流失综合治理、退耕还林还草、土地综合整治等。严格限制生产建设活动范围和土地扰动，杜绝“未批先建”项目，坚决纠正先破坏后治理的错误行为。

四是开展大规模国土绿化行动。以增绿增质增效为主攻方向，多途径、多方式增加绿色资源总量。大面积增加生态资源总量，深入推进退耕还林还草工程，加强三北等防护林体系工程建设，加快国家储备林建设，稳步推进城市绿化、乡村绿化行动，推进社会造林，提供更多绿色生态产品。大幅度提升生态资源质量，推动国土绿化由规模速度型向数量质量效益并进型转变，坚持走科学、生态、节俭绿化之路，精准提升林草资源质量，加强天然林、退化林改造修复，提升生态服务功能和林地、草原生产力。

五是建立生态系统监测网络体系。健全生态保护修复长效机制，加强全球气候变暖对我国承受力脆弱地区影响的观测，完善自然保护地、生态保护红线监管制度。开展生态系统动态监测评估，并建立风险预警系统和应急处理机制，强化河湖长制，推行林长制，形成重点生态系统全覆盖、全天候的监测保护体系和运行机制。

五、持续深入打好污染防治攻坚战

打好污染防治攻坚战是关系 14 亿多中国人民切身利益的大事，也是建设美丽中国的必然选择。党的十八大以来，党中央高度重视生态环境保护，将污染防治攻坚战作为决胜全面建成小康社会三大攻坚战之一，深入实施大气、水、土壤污染防治三大行动计划，坚决打赢蓝天、碧水、净土保卫战，人民群众获得感显著增强，厚植了全面建成小康社会的绿色底色和质量成色。主要体现在以下几个方面：

一是空气更加清新。修订《大气污染防治法》，出台《大气污染防治行动计划》《打赢蓝天保卫战三年行动计划》，对全国及重点区域、重点城市的空气质量改善提出具体要求。我国环境空气达标城市数量、优良天数比例提升，重污染天数比例、主要污染物浓度下降，成为世界上空气质量改善最快的国家。根据美国彭博新闻社的报道，2013 年到 2020 年这 7 年，中国空气质量改善的幅度相当于美国《清洁空气法案》启动实施以来 30 多年的改善幅度。截至 2021 年底，全国 339 个城市中，218 个城市环境空气质量达标，占 64.3%，同比提升 3.5 个百分点；优良天数比例为 87.5%，同比提升 0.5 个百分点；重污染及以上天数比例为 0.7%，同比降低 0.5 个百分点；细颗粒物（$PM_{2.5}$）年平均浓度为 30 微克/立方米，同比下降 9.1 个百分点。同时，通过深化区域大气联防联控、分区分类分阶段制定精细化管控要求、加大环境治理力度等措施，有力推动了重点地区大气环境质量改善进程。截至 2021 年底，京津冀、长三角、汾渭平原城市优良天数比例平均分别为 67.2%、86.7%和 70.2%，分别同比上升 4.7、1.6 和 0.4 个百分点。经过几年的治理，现在北京空气质量已经大为改善，“两会蓝”“APEC 蓝”这样的好天气早已不是奢望。

二是水更加清澈。制定实施《水污染防治行动计划》，修订《水污染防治法》《长江保护法》等一系列法律法规，不断夯实水生态环境保护基础，我国治水思路由水质单一理化指标扩展到实行“水资源、水环境、水生态”三水统筹、系统保护，确立了实施以控制单元为基础的水环境质量目标管理体系，构建了流域—水生态控制区—水环境控制单元三级分区体系。全国地表水水质优良（Ⅰ—Ⅲ类）断面比例持续提升，劣Ⅴ类水质断面比例持续下降。截至2021年底，全国地表水3 632个国考断面中，Ⅰ—Ⅲ类水质断面（点位）为84.9%，同比提升1.5个百分点；劣Ⅴ类水质断面比例为1.2%，均达到2021年水质目标要求。地级及以上城市集中式生活饮用水水源水质达到或优于Ⅲ类水质断面比例为94.2%，地级及以上城市的黑臭水体基本得到了清除，人民群众的饮用水安全得到了有效的保障。长江、黄河、珠江、松花江、淮河、海河、辽河等七大流域及西北诸河、西南诸河和浙闽片河流水质优良（Ⅰ—Ⅲ类）断面比例为87.0%，同比上升2.1个百分点；劣Ⅴ类水质断面比例为0.9%，同比下降0.8个百分点。其中，长江流域、西北诸河、西南诸河、浙闽片河流和珠江河流为优。在开展水质监测的210个重要湖泊（水库）中，Ⅰ—Ⅲ类水质湖泊（水库）占72.9%，同比下降0.9个百分点；劣Ⅴ类水质断面比例为5.2%，与2020年持平。水质优良海域面积比例持续提升，劣Ⅳ类水质海域面积比例持续下降。符合Ⅰ类海水水质标准的海域面积占管辖海域的97.7%，同比提升0.9个百分点；全国近岸海域优良（Ⅰ、Ⅱ类）水质海域面积比例为81.3%，同比提升3.9个百分点；劣Ⅴ类水质海域面积比例为9.6%，同比上升0.2个百分点。

三是土壤更加干净。实施《土壤污染防治行动计划》，持续开展农用地土壤镉等重金属污染源头防治行动，全国土壤污染加重趋势得到有效遏制。截至2021年底，全国土壤环境风险得到基本管控，土壤污染加重趋势得到初步遏制。全国受污染耕地安全利用率稳定在90%以上，重点建设用地土壤环境安全利用得到有效保障。全国农村生活垃圾进行收运处理的自然村比例稳定保持在90%以上。全国水土流失面积为269.27万平方公里，与20世纪80年代监测的我国水土流失面积最高值相比，水土流失面积减少了97.76万平方公里。党的十八大以来，累计治理水土流失面积46万平方公里，年均治理面积达5.8万平方公里，取得了水土流失面积持续下降、强度由高到低的历史性成就。

新时代这十年，我国污染防治攻坚战取得阶段性的突破，生态环境明显改善。2021年国家统计局所做的调查结果显示，公众对生态环境的满意度超过90%。这也充分说明，污染防治攻坚战阶段性成效得到人民群众的充分认可。同时应该看到，我国生态环境保护结构性、根源性、趋势性压力总体上尚未根本缓解，重点区域、重点行业污染问题仍然突出，实现碳达峰、碳中和任务艰巨，生态环境保护任重道远。党的十九届五中全会通过的《中共中央关于制定国民经济和社会发展第十四个五年规划和二〇三五年远景目标的建议》提出，“十四五”时期，要深入打好污染防治攻坚战。污染防治攻坚战从“十三五”时期的“坚决打好”到“十四五”时期的“深入打好”，意味着污染防治攻坚战触及的矛盾问题层次更深、领域更广，对污染防治工作和生态环境质量改善的要求也更高。2021年8月30日，习近平总书记主持召开中央全面深化改革委员会第二十一次会议，审议通过了《关于深入打好污染防治攻坚战的意见》，对深入打好污染防治攻坚战做出了全面部署，强调要巩固污染防治攻坚成果，坚持精准治污、科学治污、依法治污，以更高标准打好蓝天、碧水、净土保卫战，以高水平保护推动高质量发展、创造高品质生活，努力建设人与自然和谐共生的美丽中国。2021年11月，《中共中央 国务院关于深入打好污染防治攻坚战的意见》正式印发，明确提出到2025年污染防治的目标，主要指标有：主要污染物排放总量持续下降，单位国内生产总值二氧化碳排放比2020年下降18%，地级及以上城市细颗粒物（$PM_{2.5}$）浓度下降10%，空气质量优良天数比例达到87.5%，地表水Ⅰ—Ⅲ类水质比例达到85%，近岸海域水质优良（Ⅰ、Ⅱ类）比例达到79%左右，重污染天气、城市黑臭水体基本消除，土壤污染风险得到有效管控，固体废物和新污染物治理能力明显增强。党的二十大报告提出，深入推进环境污染防治。要持续深入打好蓝天、碧水、净土保卫战。当前和今后一个时期，重点是做好以下几项工作。

（一）深入打好蓝天保卫战

强化多污染物协同控制和区域协同治理，加强 $PM_{2.5}$ 和 O_3（臭氧）协同控制，深入开展 VOCs（挥发性有机物）综合治理，基本消除重污染天气。聚焦秋冬季细颗粒物污染，加大重点区域、重点行业结构调整和污染治理力度。以石化、化工、涂装、医药、包装印刷、油品储运销等行业领域为重点，安全高效推进挥发性有机物综合治理，实施原辅材料和产品源头替代工程。推进钢铁、水泥、焦化行业企业超低排放改造，重点区域钢铁、燃煤机组、燃煤锅炉实现超低排放。强化新生产车辆达标排放监管，加速老旧车辆淘汰，加大对超标机动车和非道路移动机械的执法监管力度。积极推动铁路专用线建设，提高铁路货运比例。进一步推进大中城市公共交通、公务用车电动化进程。实施更加严格的车用汽油质量标准。加强区域大气污染防治协作。强化施工、道路、堆场、裸露地面等扬尘管控，加强城市保洁和清扫。加大餐饮油烟污染、恶臭异味治理力度。强化秸秆综合利用和禁烧管控。深化消耗臭氧层物质和氢氟碳化物环境管理。实施噪声污染防治行动，加快解决群众关心的突出噪声问题。

（二）深入打好碧水保卫战

统筹水资源、水环境、水生态治理，推动重要江河湖库生态保护治理，基本消除城市黑臭水体。加强农业农村和工业企业污染防治，有效控制入河污染物排放。强化溯源整治，杜绝污水直接排入雨水管网。推进城镇污水管网全覆盖。因地制宜开展水体内源污染治理和生态修复，增强河湖自净功能。大力推进“美丽河湖”“美丽海湾”保护与建设。加快推进城市水源地规范化建设，加强农村水源地保护。保障南水北调等重大输水工程水质安全。深入推进入海河流断面水质改善、沿岸直排海污染源整治、海水养殖环境治理，加强船舶港口、海洋垃圾等污染防治。推进重点海域生态系统保护修复，加强海洋伏季休渔监管执法。推进海洋环境风险排查整治和应急能力建设。完善水污染防治流域协同机制，深化长江、黄河、海河、辽河、淮河、松花江、珠江等重点流域综合治理，推进重要湖泊污染防治和生态修复。

（三）深入打好净土保卫战

持续打好农业农村污染治理攻坚战，因地制宜推进农村厕所革命、生活污水治理、生活垃圾治理，基本消除较大面积的农村黑臭水体，改善农村人居环境。实施化肥农药减量增效行动和农膜回收行动。加强种养结合，整县推进畜禽粪污资源化利用。规范工厂化水产养殖尾水排污口设置，在水产养殖主产区推进养殖尾水治理。深入推进农用地土壤污染防治和安全利用，实施农用地土壤镉等重金属污染源头防治行动，依法推行农用地分类管理制度，强化受污染耕地安全利用和风险管控。有效管控建设用地土壤污染风险。稳步推进“无废城市”建设，健全“无废城市”建设相关制度、技术、市场、监管体系，推进城市固体废物精细化管理。强化地下水污染协同防治，持续开展地下水环境状况调查评估，划定地下水型饮用水水源补给区并强化保护措施，开展地下水污染防治重点区划定及污染风险管控。加强有毒有害化学物质环境风险防控，推进新污染物评估治理体系建设。持续开展“白色垃圾”综合治理。

六、强化生态文明建设法治保障

习近平总书记深刻指出，“只有实行最严格的制度、最严密的法治，才能为生态文明建设提供可靠保障”。党的十八大以来，在习近平生态文明思想的指引下，我国生态环境法治建设进入了立法力度最大、监管执法尺度最严、法律制度实施效果最为显著的时期。首先，新时代这十年，是立法力度最大的十年。我国生态环境立法实现了从量到质的全面提升。作为生态环境领域的基础性、综合性法律，《环境保护法》经过全面修订，于2015年生效实施，确立了按日连续处罚、查封扣押、移送行政拘留等制度，被称作“史上最严的《环境保护法》”。制定《长江保护法》《湿地保护法》《噪声污染防治法》《黑土地保护法》等法律，修订《大气污染防治法》《水污染防治法》等法律，生态环境领域相关法律达到30余部。这些法律，加上现行100多件行政法规和1 000余件地方性法规，初步形成了覆盖全面、务实管用、严格严密的中国特色社会主义生态环境保护法律体系。其次，新时代这十年，还是监管执法尺度最严、法律制度实施效果最显著的十年。2015年的《环境保护法》实施以来，全国累计下达环境行政处罚决定书106.34万份，罚没款数额总计695.50亿元。其中，2021年全国共下达环境行政处罚决定书13.28万份，罚没款数额总计116.87亿元，分别是新《环境保护法》实施前的1.6倍和3.7倍。2015—2021年，全国适用按日连续罚款案4 478件，罚款金额约44.8亿元；适用查封扣押案9.1万余件；适用限产停产案近3万件；移送行政拘留案3.4万余件；移送涉嫌环境污染犯罪案1.4万余件。2021年全国5类案件数量比2015年上升31.2%。人民法院加强环境司法专门化建设，设立环境资源专门审判机构，完善环境公益诉讼、生态环境损害赔偿诉讼等专门裁判规则。2021年，全国法院系统审结一审环境资源案26.5万件，审结环境公益诉讼案4 943件，同比增长38.97%；全国检察机关共办理公益诉讼案近17万件，其中生态环境和资源保护领域87 679件，占公益诉讼案件总数的51.63%；各省级、地市级政府及其指定的部门新启动生态环境损害索赔案约7 000件，涉及赔偿资金约40亿元。2020—2022年，生态环境部、最高人民检察院、公安部连续三年组织开展严厉打击危险废物环境违法犯罪行为专项行动，查处涉及危险废物环境违法案 11 000 余起，向公安机关移送 2 000 多起，罚款 8 亿多元。2021 年以来，将打击重点排污单位自动监测数据弄虚作假等违法犯罪行为纳入专项行动，查处涉及自动监控环境违法案 2 000 余起，向公安机关移送 300 多起，罚款 2 亿多元。

尽管我国生态环境法治建设取得明显成效，但与面临的新形势新任务新要求相比，仍然存在许多短板和不足，主要体现在三个方面：一是生态环境法律法规还不够完善。应对气候变化、生物多样性保护、新污染物治理等领域法律规定还存在空白，推动绿色低碳发展、实现减污降碳协同增效、推进山水林田湖草沙一体化保护和系统治理等方面法律法规标准不够系统。同时，需要根据生态环境保护领域不断出现的新情况新问题，及时对相应的法律法规制度进行修订完善。二是依法履行生态环境保护责任的意识有待提升。部分企业守法意识弱，甚至不知法、不懂法；一些地区领导干部法律意识淡薄，依法履职能力亟待提高，平时不作为、急时“一刀切”的问题时有发生，一些法律确立的生态环境保护制度措施尚未完全落实。三是生态环境执法方式不够优化，执法能力尚有不足。利用“高科技”、隐蔽式的违法现象不断增加，执法队伍规范化建设明显不足，执法手段单一，信息化水平不高，新技术、新装备运用不够，环境违法行为发现难问题凸显，取证难问题依然存在。下一阶段，要进一步强化法治思维，深入贯彻习近平生态文明思想和习近平法治思想，全面推进科学立法、严格执法、公正司法、全民守法，建立健全符合新时代生态文明建设要求的法律法规体系，为生态文明建设提供可靠的法治保障。

（一）科学立法，完善生态文明立法体系

“法律是治国之重器，良法是善治之前提。”科学立法是“良法先行”的起点，应当站在更高层次上，从法律、法规、制度等环境顶层制度设计上着手，努力推进我国环境法治建设，做到既“硬”又“良”。一是将环境权入宪，提高生态立法的基础性地位。在生态文明立法过程中必须牢固树立“绿水青山就是金山银山”的理念，将“环境权”作为独立的基本权利写入《宪法》，为《环境保护法》《民事诉讼法》的进一步修改完善提供全面的宪法依据，与《民法典》所确立的“绿色原则”保持法理上的统一。二是完善生态立法内容，提升立法的整体性与科学性。加快由全国人大制定一部适应新形势发展需要、综合性的生态文明基本法，在内容设计上增加环境保护的基本原则和制度等内容，使之成为生态环境保护和污染防治并重的综合性生态文明基本法。同时，在《宪法》的统领下，以综合性的生态文明基本法为基础，对各种生态文明建设行为按照污染防治、生态修复和保护、资源节约等主要领域进行统一，对现有的生态环境单行法、自然资源单行法和能源利用单行法等生态文明方面的法律进行梳理整合、清理修订，消除不同法律之间的不适应、不协调、不一致问题，提高法律的针对性、及时性、系统性。推动制定修订应对气候变化、黄河保护、青藏高原生态保护，以及海洋环境保护、环境影响评价等方面的法律，加快建立有效约束开发行为和促进绿色、低碳、循环发展的生态文明法律制度。三是根据生态文明建设需要，不断拓展立法领域。比如，研究制定国土空间开发规划法，进一步修订完善耕地、水资源、森林等相关法律，建立国家重点生态功能区和农产品主要功能区限制开发制度；研究制定生态补偿法，逐步规范生态补偿对象与范围、补偿方式、资金来源等。四是加强法律体系协同配套工作，增强法律体系整体功效。推动制定、修改碳排放权交易管理、生态环境监测、消耗臭氧层物质管理、危险废物经营许可证管理、生态保护补偿和生物遗传资源获取与惠益分享管理等行政法规。制定修改相关配套部门规章。通过科学立法，进一步形成比较完备的多层次、多领域的生态文明法律体系。

（二）严格执法，强化生态文明建设执法监督管理

习近平总书记强调："用最严格制度最严密法治保护生态环境。要加快制度创新，强化制度执行，让制度成为刚性的约束和不可触碰的高压线。"必须咬紧牙关，一寸不能让，一步不能松，保持加强生态环境保护建设的定力，加强生态建设执法监督管理，做到不动摇、不松劲、不开口子。一是优化生态环境监管机制和执法流程，建立跨区域、跨部门的环境执法体制机制，克服地方保护主义，严肃查处各种环境违法行为和生态破坏现象，对阻碍和干预环境保护执法的，严肃追究有关负责人的责任。二是切实落实生态文明建设指标考核体系并纳入地方党政负责人政绩考核，加大中央财政对环境保护的投入力度。三是进一步创新执法方式，丰富执法手段，采取经济处罚、行政处罚和法律处罚相结合的方式，以最严格的监管执法引导和倒逼污染企业不越底线、不踩红线、不碰高压线，减少环境违法事件的发生。四是着力加强执法队伍建设，制定严格的执法人员素质标准、进入程序，做好环境执法人员考核和培训，打牢思想和业务基础；进一步优化人员队伍知识结构，增加法律专业人员以及技术型骨干的比例，提高执法主体的专业性，促进执法能力和服务水平的提升，打造一支执行能力强、业务素质高的专业化队伍。

（三）公正司法，维护生态文明建设制度体系的权威

公正司法是维护社会公平正义的最后一道防线，也是维护生态文明建设制度体系权威的保障。一是更新生态环境保护司法理念。树立可持续发展理念，深刻认识到生态环境保护不仅关系当下，更关乎未来，司法应该也必须为其提供保障；树立预防性和恢复性的司法理念，深刻认识到司法的作用不仅要体现对违法行为的惩罚，还应体现对生态环境的修复；树立公益性司法理念，深刻认识到在环境公益诉讼案件中，需要以维护公共利益为案件价值考量的出发点和落脚点。二是科学设置生态

环境专门审判机构。环境司法制度设计必须考虑环境的整体性和区域性，应进一步推进司法体制改革，在最高人民法院环境资源庭设立的前提下，在各省、直辖市、自治区的高级人民法院增设环境法庭；同时立足于东北、华北、华东、中南、西南、西北等地域区块，分别设立地区环境法院，专门负责跨省域的重大疑难生态案件的审判。通过各地环境司法专门机构的设立和运行，不断完善生态环境保护审判模式，大力提升生态文明司法的专业性。三是改进生态环境案件审理模式和管辖制度。明确凡涉及资源、环境、生态的案件都属于生态环境案件；对于专业性强、涉及法律关系的复杂的环境污染类案件，应实行刑事、民事和行政案件归口审理；合理确定生态环境案件归口审理方式，对于实践中经常发生的跨行政区域污染案件，应推行跨区域司法和案件集中管辖。四是完善生态环境案件配套诉讼工作机制。完善生态环境案件诉讼程序，完善生态环境预防、修复和惩治机制，完善生态环境案件专业化审理机制。比如，在举证责任上，允许生态环境案件的被告对其没有侵权行为或存在免责事由进行举证；比如，在责任承担方式上，对于可以由被告进行修复的，可以判决由其负责治理或修复，还可以通过法院委托第三方进行修复，成本由被告负担；再比如，可以逐步探索建立环境案件的专家辅助审判制度、环境类案件专家陪审员制度、专家证人制度、环境司法鉴定制度等。五是完善生态环境公益诉讼制度。逐步扩大生态环境案件的起诉主体范围，不仅有关的国家机关和组织可以依法提起环境公益诉讼，符合条件的公民个人也有权提起环境公益诉讼。六是加大对环境犯罪查处和打击力度。严厉惩治严重污染环境、破坏生态以及玩忽职守、滥用职权导致生态环境严重损害的犯罪行为。坚决防止环境污染刑事犯罪打击力度不够、罚金刑适用不当、生态修复措施适用不够等问题，积极采取务实措施，完善规则，将环境犯罪始终保持在高压状态，让损害、破坏生态环境的行为人付出沉重代价。

七、加强生态文化培育

生态文化是以人与自然和谐发展为核心价值观的文化，是一种以促进资源可持续利用、崇尚自然、保护环境为基本特征的文化，是解决人与自然关系问题的理论思考和实践总结。习近平总书记强调，“生态文化的核心应该是一种行为准则、一种价值理念”，“必须加快建立健全以生态价值观念为准则的生态文化体系”。从文化价值观念入手，加强对生态文化的培育，逐步改善人们日常行为方式及各种经济主体的活动和行为，是解决当前资源环境危机、建设生态文明的应有之义。

（一）加强生态文化宣传教育

习近平总书记强调：“要加强生态文明宣传教育，增强全民节约意识、环保意识、生态意识，营造爱护生态环境的良好风气。”长期以来，我们在生态环境方面的宣传手段和方式较为单一，在资源环境国情教育上缺乏科学系统推进。因此，必须通过更全面、更广泛、更系统的宣传教育，提高人们的生态意识，使生态文明理念入脑入心。

加强对领导干部的宣传教育。各级党政领导干部是宣传的重点，担负着引导社会风气的职责。习近平总书记指出：“生态环境保护能否落到实处，关键在领导干部。”要充分发挥各级党校行政学院“熔炉”作用，将各级领导干部作为生态文明意识教育的首要培训对象，通过明责和宣传，提高各级领导和决策者落实生态文明建设的自觉性。

加强对企业的宣传教育。企业是社会财富的主要生产者，也是自然资源最大的消费者和各种污染排放的重要制造者。加强企业环保管理培训、提高企业环保意识和自身的污染防治能力，是一项必不可缺的基础工作。一方面，应从提升企业管理者的生态文化素养入手，加强生态文化学习，培养生态意识、生态思维，扭转企业重经济效益、轻生态保护的思想理念。另一方面，应加强员工的生态文化教育，通过讲解与环保相关的法律法规，规范排污操作标准、粘贴环保宣传标语等方式，分析生态问题对企业的重要性，着力强化员工的生态观念和环保意识，使他们的生态保护行动逐步实现由强制到自觉、由他律到自律的转变。

加强对广大群众的宣传教育。生活方式和消费方式的改变，涉及每个人心灵深处的思想转变，关系每个人的吃、穿、住、用、行等方方面面、点点滴滴，离不开大众的参与。这就要求宣传教育要结合群众的实际，渗透在群众的日常生活中，建立起良性互动的局面。基于此，可在社区、农村等设立生态文化宣传栏，建立生态文明宣传监督站，开展生态文化宣传画进楼道等活动，让群众随处皆能接触到生态文化。再比如，提倡绿色出行方式，少开私家车，多乘公共交通工具；放置分类垃圾桶，推行家用电器以旧换新等措施，倡导、鼓励绿色消费模式，逐步形成有利于可持续发展的适度消费、绿色消费生活方式。同时，积极开展形式多样的生态文化活动。比如，通过以弘扬生态文明为主题的知识竞赛、文艺演出、作品竞赛等，向公众普及生态文化知识。

将学校教育与家庭教育相结合。“生态教育从娃娃抓起”是许多国家培育生态文化、进行生态文明建设的重要经验。《中共中央 国务院关于加快推进生态文明建设的意见》提出，培育生态文化要“从娃娃和青少年抓起，从家庭、学校教育抓起，引导全社会树立生态文明意识”。《中国生态文化发展纲要（2016—2020 年）》明确提出，要“从青少年抓起、从学校教育抓起，着力推动生态文化进课程教材、进学校课堂、进学生头脑，全面提升青少年生态文化意识”。孩子是祖国的未来，生态文化建设从孩子抓起，就是让生态理念从小入心入脑，播撒生态文明的种子，让其生根发芽开花，将来生态文明建设就有大希望。因此，培育生态文明意识，应从娃娃抓起，从教育入手。一是改革课程设置，增加生态环境内容。例如瑞典的义务教育课程，在 16 门必修课程中，有

9门涉及环境与可持续发展教育，并且每个年级都设有自然课、生物课、地理课，除了讲授书本上的各种知识外，还紧密联系近期的生态问题，介绍环境保护的范例等，以此提高学生对生态环境的认知能力；编写适合中小学生阅读和学习的资源环境教材读本，特别是进行"资源短缺""生态危机"教育，提高学生的资源生态忧患意识。二是增加户外教育，培养与自然的感情。充分利用植树节等节假日开展义务植树、"绿色使者"认养小树等活动，进而提高学生的生态环境意识；通过"生态体验""生态实践"课，让学生切身体验在"钢筋水泥、烟尘、污水"和"森林氧吧、青山绿水"间的不同感觉，从心灵深处感悟加强生态环境保护的重要性和必要性。在这方面，德国、美国、日本等许多发达国家特别注重户外教育，从幼儿园到小学、中学或者成年教育，每个学期要进行专门的实地"学习访问"，参观生态环保部门或企业。将课堂的理性教育与户外的感性教育相结合，增强生态文明认同感。三是强化实践操作，注重家校结合。比如，在垃圾分类的教育上，课堂上老师以图文的方式讲授垃圾分类的原理，回家后要求孩子和父母合作将日常生活中的垃圾进行分类，父母不仅仅是言传身教，同时也受到孩子的监督。比如，不浪费资源、适度消费，家长可以做出表率，在日常生活中节约水电、使用环保袋、支持生态产品、尽量做到废物利用，不用奢侈品、不滥食野生动物、不燃放鞭炮等，用行动告诉孩子尊重自然、爱护自然就是尊重自己和爱护自己。

（二）培育公众参与的生态文化氛围

习近平总书记要求在公众中普及生态文化理念，在全社会达成参与生态文化建设的共识。生态文化构建是全民的事业，需要全民的参与。近年来，社会人士参与生态文明建设的积极性不断高涨，社会环保组织不断出现，形成了良好的生态文化氛围。公众参加政府有关的环境影响评估、参加政府的环境听证会等，往往能引起社会广泛关注，人们在关注这些个人和组织的行为时，也会关注社会生态权益最大化，形成全社会关心生态的文化氛围。为更好地鼓励公众参与生态环境建设，政府相关部门应加强引导，采取积极措施，把公众关心生态环境的热情转化为良好的生态文化氛围，提高公众对环境保护和生态建设的认同度，同时加大对公众参与生态文化建设的扶持、引导和管理力度，鼓励公众和社会团体发挥作用，推动实现政府与公众互动，共同关心生态文化建设。

（三）加强公众环保意识

习近平总书记指出：要大力弘扬生态文明理念和环保意识，使坚持绿色发展、绿色消费和绿色生活方式，呵护人类共有的地球家园，成为每个社会成员的自觉行动。加强公众的环保意识，应通过一定的精神和物质鼓励，激发社会公众内心深处的参与意识，在全社会树立良好的环保意识。加强公众环保意识还要与确立资源权属相结合。建立有利于激励公众参与环保的权属设计，如把社区的生态资源交给社区管理，明确资源的权属，那么，社区居民对生态资源的使用也就会格外珍惜。此外，加强公众的环保意识需要创新机制，鼓励人们从身边事做起，努力吸引、促进包括企业、社团和社区成员等各个生态环境参与者加大对环境保护的投入，形成多元化的环保投入格局。

第六章　国家公园与生物多样性保护

2021年10月12日，习近平主席在《生物多样性公约》第十五次缔约方大会领导人峰会上宣布，中国正式设立三江源、大熊猫、东北虎豹、海南热带雨林、武夷山等第一批国家公园。正式设立第一批国家公园在我国生态文明史上具有里程碑意义，也是全球生态环境治理的大事件，对推进自然资源科学保护和生物多样性保护、促进人与自然和谐共生、推进美丽中国建设具有极其重要的意义。

一、建设国家公园是生物多样性保护的重要方式

生物多样性保护是当今世界生态环境保护的热点重点。生物多样性一词由美国野生生物学家和保育学家雷蒙德于1968年在其通俗读物《一个不同类型的国度》一书中首先使用，是biology和diversity的组合，即biologicaldiversity。此后的十多年，这个词并没有得到广泛的认可和传播，直到20世纪80年代，“生物多样性”的缩写形式biodiversity由罗森在1985年第一次使用，并于1986年第一次出现在公开出版物上，由此“生物多样性”才在科学和环境领域得到广泛传播和使用。

生物多样性是生物及其与环境形成的生态复合体以及与此相关的各种生态过程的总和，由遗传（基因）多样性、物种多样性和生态系统多样性三个层次组成。遗传（基因）多样性是指生物体内决定性状的遗传

因子及其组合的多样性；物种多样性是生物多样性在物种上的表现形式，也是生物多样性的关键，它既体现了生物之间及环境之间的复杂关系，又体现了生物资源的丰富性；生态系统多样性是指生物圈内生境、生物群落和生态过程的多样性。

生物多样性是地球上生命经过几十亿年发展进化的结果，为人类提供了丰富多样的生产生活必需品、健康安全的生态环境和独特别致的景观文化，使地球生机勃勃，是人类赖以生存和发展的基础，是地球生命共同体的血脉和根基。对于人类来说，生物多样性的意义主要体现在它的价值上。一是直接价值。生物为人类提供了食物、纤维、建筑和家具材料及其他生活、生产原料。二是间接使用价值。生物多样性具有重要的生态功能。在生态系统中，野生生物之间具有相互依存和相互制约的关系，它们共同维系着生态系统的结构和功能。生态系统又提供了人类生存的基本条件（如食物、水和呼吸的空气），保护人类免受自然灾害和疾病之苦。野生生物一旦减少了，生态系统的稳定性就要遭到破坏，人类的生存环境也就要受到影响。三是潜在使用价值。野生生物种类繁多，人类做过比较充分研究的只是极少数，大量野生生物的使用价值目前还不清楚。但是可以肯定，这些野生生物具有巨大的潜在使用价值。一种野生生物一旦从地球上消失就无法再生，它的各种潜在使用价值也就不复存在了。因此，对于目前尚不清楚其潜在使用价值的野生生物，同样应当珍惜和保护。保护生物多样性，特别是保护濒危物种，对人类繁衍后代以及发展科学事业都具有重大的战略意义。

生物多样性保护一般有两种方式：一种是就地保护，即把包含保护对象在内的一定面积的陆地或水体划分出来进行保护和管理，如建立国家公园、自然保护区等自然保护地。一种是迁地保护，即在生物多样性分布的异地，通过建立动物园、植物园、树木园、野生动物园、种子库、基因库、水族馆等不同形式的保护设施，对那些比较珍贵的物种、具有观赏价值的物种或其基因实施由人工辅助的保护。

就地保护是生物多样性保护最主要的方式，国家公园则是就地保护模式中最重要的一类。“国家公园”最早由美国艺术家乔治·卡特琳提出。1832年，她在旅行的路上，对美国西部大开发给印第安文明、野生动植物和荒野造成的影响深表忧虑。她写道：“它们可以被保护起来，只要政府通过一些保护政策设立一个大公园。一个国家公园，其中有人也有野兽，所有的一切都处于原生状态，体现着自然之美。”乔治·卡特琳的这次旅游灵感，被认为是人类国家公园思想的萌芽。30多年后，也就是1864年，美国国会将约塞米蒂峡和玛瑞波萨森林赠予加利福尼亚州州政府，让州政府管理，并且将它们命名为州立国家公园，卡特琳“设立一个大公园”的理想得以实现。1872年，美国国会设立了由联邦政府内政部直接管理的黄石国家公园，该公园被认为是美国，也是世界上第一个真正意义上的国家公园。黄石国家公园1978年被列入《世界遗产名录》，也被美国人自豪地称为“地球上最独一无二的神奇乐园”。黄石国家公园占地面积约为9 000平方公里，园内设有历史古迹博物馆。该公园是世界上最大的火山口之一，有10 000多个温泉和300多个间歇泉、290多个瀑布，还有很多种野生动物，包括7种有蹄类动物、2种熊和67种其他哺乳动物以及322种鸟类、18种鱼类和跨境的灰狼，有超过1 100种原生植物、200余种外来植物和超过400种喜温微生物。在设立黄石公园之后，美国相继设立了萨克亚国家公园、瑞尼尔山国家公园等国家公园，并逐渐建立了美国的保护地体系。

紧随美国之后，1879年澳大利亚首个国家公园——皇家国家公园在新南威尔士州首府悉尼建立，这是世界上第二个国家公园。皇家国家公园占地150.91平方公里，拥有粗犷的砂岩高原和不同种类的荒地植物、桉树林和湿地雨林，物种丰富多样。澳大利亚有500多个国家公园，覆盖面积逾2 800万公顷，占澳陆地面积的1/4。其中，大堡礁海洋国家公园是世界著名的天然景观旅游胜地。该公园位于澳大利亚东北部昆士兰州的东海岸，南北长2 000多公里，东西宽50～160公里左右，面积接近3 500万公顷。公园有绵延2 600公里的珊瑚礁群，由3 000个不同阶段的珊瑚礁、珊瑚岛、沙洲和潟湖组成，是世界上最大的天然海洋公园，也是世界七大自然景观之一，于1981年被列入《世界遗产名录》。公园内有400多种海洋软体动物和1 500多种鱼类，是各种绮丽多姿的海洋生物的栖息地，也是座头鲸的繁殖处。其中很多是世界濒危物种，如儒艮、青龟，又被称为“透明清澈的海中野生王国”。

1885年，加拿大设立了第一个国家公园——班夫国家公园。该公园位于艾伯塔省西南部与不列颠哥伦比亚省交界的落基山东麓，面积6 641平方公里，1984年作为“落基山脉国家公园群”的一部分列入《世界遗产名录》。班夫国家公园内有一系列冰峰、冰河、冰原、冰川湖和高山草原、温泉等景观，其奇峰秀水，居北美大陆之冠。园内植被主要有山地针叶林、亚高山针叶林和花旗松、白云杉、云杉等，另外还有500多种显花植物。主要动物有棕熊、美洲黑熊、鹿、驼鹿、野羊和珍稀的山地狮、美洲豹、大霍恩山绵羊、箭猪、猞猁等。此外，班夫国家公园在生态保护上成效非常卓著，诞生了以班夫命名的户外纪录片电影节——班夫山地节，深受户外探险爱好者的喜爱。

欧洲最早设立国家公园的国家是瑞典。瑞典是世界著名的森林之国，森林面积占国土总面积的57%。早在20世纪初，瑞典就开始建设森林公园，1909年通过了第一个自然保护法，1979年通过了第三个森林法。森林法着重提出，森林是为数不多的几种可更新资源之一，必须更好地利用这一宝贵资源。另外，1909年瑞典在北部北极圈建立了第一个国家公园——阿比斯库国家公园。这个国家公园的面积为77平方公里，建立该公园的最初目的是在北欧的北部保留一块原始区域作为科学研究基地，后来吸引全世界的游客纷至沓来。阿比斯库国家公园经常晴空万里，几乎没有光污染，也是世界上观赏北极光的最佳地点之一。从 1909 年至今，瑞典 45 万平方公里的土地上一共设立了 30 座国家公园，蕴藏着丰富的自然遗产。

日本是最早建立国家公园的亚洲国家，1931 年日本制定《国立公园法》，1934 年将濑户内海、云仙和雾岛命名为首批国立公园。富士箱根伊豆国立公园是日本闻名于世的国家公园。该国立公园成立于 1936 年 2 月，是由东京都、神奈川县、山梨县、静冈县四个完全不同的行政区域中的特殊地域组成的“火山和海洋”的国立公园。在该公园中，海拔标高 3 776 米的是日本民族的象征——富士山，富士山山峰高耸入云，山巅白雪皑皑，被日本国民誉为“圣岳”。整个山体呈圆锥状，一眼望去，恰似一把悬空倒挂的扇子，日本诗人曾用“玉扇倒悬东海天”“富士白雪映朝阳”等诗句赞美它。富士山四周有剑峰、白山岳、久须志岳、大日岳、伊豆岳、成就岳、驹岳和三岳等“富士八峰”。

塞伦盖蒂国家公园是非洲著名的国家公园，是一个有着 300 多万只大型哺乳动物的巨大生态系统，植被以开阔草原型植物为主，但在严重干旱时几乎全部变为沙漠。塞伦盖蒂国家公园位于坦桑尼亚，在东非大裂谷以西、阿鲁沙西北偏西 130 公里处，一部分狭长地带向西伸入维多利亚湖达 8 公里，北部延伸到肯尼亚边境。1929 年，塞伦盖蒂中部 228 600 公顷地区被定为狩猎保护区，1940 年后成为保护区，1951 年建成国家公园。1956 年它与恩戈罗恩戈罗生物保护区合成一片，被列入《世界文化与自然遗产名录》，其半年一次的大型动物迁移是世界十大自然旅游奇观之一。这里是野生动物的天堂，栖息着世界上种类最多、数量最庞大的野生动物群。有角马（牛羚）、斑马、汤姆森瞪羚、格兰特瞪羚、斑鬣狗、长颈鹿以及狮子、大象、黑犀牛、水牛和猎豹等闻名世界的非洲五大兽，还有 300 多种鸟类。每年的五六月之间，塞伦盖蒂的食草动物（大约有 150 万只角马和斑马，30 万只汤姆森瞪羚和 3 万只格兰特瞪羚）从中央平原向西部常年有水的地区迁徙；到七八月之间其中一部分又从塞伦盖蒂向马赛马拉草原迁徙，浩浩荡荡的动物大军形成震惊世界的壮丽景观。

南美洲最壮观的国家公园是伊瓜苏国家公园，它跨越阿根廷和巴西国界，处于玄武岩地带，高 80 米、长度 2 700 米的世界上最壮观的瀑布之一伊瓜苏瀑布就位于这个地区的中心。瀑布产生的云雾滋润着葱翠植物的生长。许多小瀑布成片排开，层叠而下，激起巨大的水花。周围是生长着 200 多种维管植物的亚热带雨林，许多稀有和濒危动植物物种在公园中得到保护。这里是南美洲有代表性的野生动物貘、大水獭、食蚁兽、吼猴、虎猫、美洲虎和大鳄鱼的快乐家园。

世界上面积最大的陆地型国家公园是丹麦的东北格陵兰国家公园。1974 年，为了保护处于北极地区的格陵兰岛生态，丹麦决定在格陵兰岛东北部建国家公园，面积约 97.2 万平方公里，远大于许多国家的领土面积。东北格陵兰国家公园也是世界上最北的国家公园，据记载，1986 年其常住居民为 40 人，但很快就搬走了，现在已经没有居民居住。东北格陵兰国家公园是动物和鸟类的天堂，据估计有 5 000～15 000 只麝牛、北极狐、驯鹿、白鼬、北极野兔、北极熊和海象，其中世界上 40%的麝牛生活在这里，这里还栖息着渡鸭、白嘴潜鸟、黑雁、绒鸭、粉脚雁、王绒鸭、矛隼、岩雷鸟、三趾鹬、雷鸮等许多鸟类。东北格陵兰国家公园地处北极地区，一年中会有极昼极夜的自然现象，地形地貌是冰原冰川冰雪，夏季温度低，地上会长出许多苔藓和花草，有壮观的北极光，冬季则有接近五个月的黑夜。

最大的海洋型国家公园是法国的珊瑚海国家公园，它位于法国新喀里多尼亚，面积约为 129 万平方公里，是鲨鱼、鲸、海龟和多种物种的庇护所。珊瑚海国家公园面积是德国面积的 3 倍，当地人收入来源主要靠旅游和渔业。

总的来看，从 1872 年设立黄石国家公园以来，国家公园运动从美国扩散到了世界绝大多数国家和地区。据世界保护区数据库提供的数据，到 20 世纪 70 年代中期，全世界已经建立了 1 204 座国家公园；到 2009 年 6 月，一共有 158 个国家共成立了 3 417 座国家公园，总面积达 420 万平方公里。目前，国家公园的数量已经达到了 5 000 多座，已经有 200 多个国家建立了自己的国家公园。

各国由于国情不同，对国家公园的定义也有所不同。例如，美国 1916 年通过的《国家公园管理局组织法》规定，国家公园是用以保护自然风景、历史遗迹和野生生物，并且在不受损害的条件下满足人们娱乐需求的地理区域。澳大利亚对国家公园的定义是：被保护起来的大面积陆地区域，这些区域的景观尚未被破坏，且拥有数量可观、多样化的本土物种。英国则表述为：国家公园是有着优美自然景观、丰富野生动植物资源和厚重历史文化的保护区，居住或工作在国家公园的人以及农场、村镇连同其所在地的自然景观和野生动植物一起被保护起来。日本对国家公园的定义为：风景优美的地方和重要的生态系统，值得作为日本国家级风景名胜区和优秀的生态系统。南非的《国家环境管理法案：保护地法案》规定，国家公园是为了保护某个重要的生态系统，或具有代表性的南非自然环境、风景区、文化遗产，防止不利于生态完整性保护的开采或占领，并提供与环境相容的精神享受，科学、教育、娱乐和旅游的机会以及在可行的情况下促进经济发展所划定的特定区域。韩国将国家公园定义为：代表韩国的自然生态系统、自然以及文化景观的地区，为了保护和保存以及实现可持续发展，由韩国政府特别指定并加以管理的地区。

1969 年，世界自然保护联盟（International Union for Conservation of Nature，IUCN）根据不同国家的保护地保护管理实践，将各国的保护地体系总结为六类，国家公园为第二类（IUCN 分类：Ⅰa 严格自然保护区、Ⅰb荒野保护区、Ⅱ国家公园、Ⅲ自然纪念物保护区、Ⅳ生境和物种管理保护区、Ⅴ陆地和海洋景观保护区、Ⅵ资源管理保护区）。根据IUCN出版的《自然保护地管理类型指南》，国家公园是指："大面积的自然或接近自然的区域，用以保护大尺度生态过程以及这一区域的物种和生态系统特征，同时提供与其环境和文化相容的精神享受、科学研究、自然教育、游憩和参观的机会。"这一定义得到了全球普遍的认同。

中国对国家公园的定义是："由国家批准设立并主导管理，边界清晰，以保护具有国家代表性的大面积自然生态系统为主要目的，实现自然资源科学保护和合理利用的特定陆地或海域。"

目前，"国家公园"已从单一概念发展成为"自然保护地体系""世界遗产""人与生物圈保护区"等自然保护领域的系列概念，其本身也从公民风景权益和朴素的生物保护扩展到生态系统、生态过程和生物多样性保护。虽然各国建设国家公园的背景、概念及建设管理模式各不相同，但有一个共同点，即国家公园均以生物多样性保护为首要目标。

建设以国家植物园为引领的植物园体系是迁地保护的主要形式，同以国家公园为主体的就地保护体系共同推动形成较为完整的生物多样性保护体系。国家植物园是以开展植物迁地保护、科学研究为主，兼具科学传播、园林园艺展示和生态休闲等功能的综合性场所，是国家植物多样性保护基地，是一个国家经济、科技、文化、生态、社会可持续发展水平的重要标志。截至2021年底，全球有3 000余座植物园，40余个国家设有国家植物园，主要发达国家和生物多样性丰富的发展中国家，大都设有国家植物园，其中不乏水平较高、特色鲜明、历史悠久的。例如，美国国家植物园位于华盛顿国会山下，是国家形象的重要代表。伦敦皇家植物园邱园是全世界植物园的翘楚和世界文化遗产，有着悠久的历史，在植物分类学和系统演化、植物引种栽培利用等领域世界领先。

南非的国家植物园已形成体系，建成基尔斯滕博施国家植物园、卡鲁沙漠国家植物园、比勒陀利亚国家植物园等 11 座国家植物园，每个植物园各具特色，在保存和研究南非丰富的生物群落与生物多样性保护上发挥重要作用。

在我国，以建设植物园的方式开展生物多样性保护的历史可以追溯到新中国成立初期。1954 年，中国科学院植物研究所 10 位青年科学家给毛主席写信，提出建设国家级的北京植物园。1956 年，国务院批复设立北京植物园，由中国科学院植物研究所和北京市园林局共同管理。进入 21 世纪，多位院士专家又两次提出在北京设立国家植物园的建议，这些建议得到了党和国家领导人的高度重视。2021 年 10 月 12 日，在《生物多样性公约》第十五次缔约方大会领导人峰会上，习近平主席向全世界宣布，“本着统筹就地保护与迁地保护相结合的原则，启动北京、广州等国家植物园体系建设”。2022 年 4 月 18 日，国家植物园在北京正式揭牌，标志着国家植物园建设翻开了新的篇章。该园在中国科学院植物研究所（南园）和北京市植物园（北园）现有条件的基础上，经过扩容增效有机整合而成，总规划面积近 600 公顷。新组建的国家植物园将收集植物 3 万种以上，并收藏五大洲代表性植物标本 500 万份。2022 年 7 月 11 日，华南国家植物园在广州揭牌成立。该园是世界上最大的南亚热带植物园，迁地保育的植物超过 17 000 种，其中包括珍稀濒危植物 643 种、国家重点野生保护植物 337 种，实现了杜鹃红山茶、广东含笑、绣球茜等 36 种华南珍稀濒危植物的野外回归。至此，我国一北一南两个国家植物园正式运行，国家植物园体系建设迈出坚实步伐。

二、国际上国家公园的管理模式

自国家公园诞生以来，如何建立一套符合本国国情的管理体制，充分发挥国家公园的生态、教育、科研和游憩等功能，各国做了很多探索。一般来讲，可以分为自上而下的垂直管理模式、属地自治管理模式、协作共治共管模式三种。

（一）自上而下的垂直管理模式

此管理模式以中央政府为主导，国家的政府机构享有决策权威，承担责任和义务，一般通过强制措施抑制不稳定因素，以指令或咨询形式指定管理决策，美国、加拿大、南非等为此种管理模式的典型代表。

（1）在管理体制方面。美国国家公园实行联邦政府内政部—地方管理局—单个国家公园管理局的垂直管理体系，不受各州、市行政的干涉。美国国家内政部下设国家公园管理局，为中央机构，负责统筹国家公园的所有事务。美国国家公园管理局由局长统筹，同时，根据管理事务特点下设运营副局长、国会和对外关系副局长。在国家公园管理局的领导下，再分设跨州的7个地区局作为国家公园的地区管理机构。在每个公园都设有基层机构公园管理局，实行园长负责制，由园长具体负责公园的综合管理事务。国家公园所在州及地方政府不具备行政执行权，任何个人或机构的参与管理必须获得国家公园管理局的许可。美国国家公园管理局行使以下职能：一是行使视察、管理、维护公园的职责，对违法行为有权以执法手段制止，包括使用武力、开出罚单和其他的司法处理，由其准军人建制的公园巡警（Park Rangers）负责执法；二是协调作用，处理好各地政府部门、当地社区、民众利益和环保的关系，由公园管理层人员及时参加当地的各种会议，介绍各种生态保护、资源合理开发的项目，研究新问题新情况和解决的方法；三是教育社会各界，普及科学知识；四是配合大学、研究机构和环保部门的专家、学者进行各种研究工作。这其中，美国国家公园巡警的职责包括在所辖的国家公园区域进行宣传、执法和救援，以及实施和支持保育工作。另外，美国还有一支特殊的警察队伍，就是美国公园警察（Park Police），它是美国历史最悠久的联邦执法部门，也隶属于国家公园管理局。他们最初是公园的“看门人”。现在，作为一个全职的执法部门，其管辖范围包括美国国家公园管理局负责的位于华盛顿特区、旧金山、纽约市地区的土地以及其他部分政府土地。除了对常见犯罪的预防、调查和对嫌疑人的拘捕等其他城市警察局职责外，美国公园警察还负责管理美国的许多知名纪念碑，并在美国国家公园管理局管理的区域内同国家公园巡警共享管辖权。

加拿大公园管理局由 1 名首席执行官和 9 名副总裁组成，副总裁主要分管 3 个领域，分别是运营、项目和内部支持服务。

（2）在立法保障方面。1872 年，美国通过了《黄石公园法》，这是世界上第一部国家公园法案。《黄石公园法》确立了美国国家公园的公益性原则和保护性利用自然资源的发展模式，其立法宗旨、制度安排所产生的示范效应，对美国乃至他国的国家公园发展都产生了深远的影响。美国除了在 1872 年通过了《黄石公园法》外，还在 1916 年颁布了《国家公园基本法》，这部法案规定了国家公园的基本职责，是美国国家公园体系中最基本、最重要的法案。同时，随着美国国家公园体系的不断扩大，美国根据各国家公园的独特规模和保护对象，施行“一园一法”（授权法），直接指导公园内部建设。此外，美国还针对某些领域出台了一些非常具有针对性的单行法，如《文物法》《历史遗迹法》《原野法》《原生自然与风景河流法》《国家风景与历史游路法》等。迄今为止，美国出台的涉及国家公园的联邦法律已有 20 多部，形成了以国家公园基本法为主导，以授权法单行法和部门规章为补充的层次分明、统一协调的立法体系。

加拿大国家公园立法体系包含《国家公园法》、国家公园政策、省立公园法三个层次。其中，《国家公园法》颁布于 1930 年，是加拿大唯一一个由联邦立法确定的法案。该法案明确了国家公园的建立目的、程序、政策计划、公园管理职责，以及公园条例和罚则等内容。国家公园政策是联邦政府意图的声明或《国家公园法》的释义，其设立目的是使上述《国家公园法》更好地实施。省立公园法是各省结合各自的情况所制定的立法，以原则性的条例构成，具有较大的管理行动空间。

（3）在经营管理机制方面。美国国家公园70%的经费开支依赖国会拨款，低廉的门票收入只作为提高参观者环保意识的管理手段。同时，在经营制度上，美国强化管理权和经营权分离，非常重视发挥私营企业促进国家公园体制的作用，将特许经营制度作为收入的一项重要补充。如1965年通过的《特许经营权法》，允许私营机构采用竞标的方式，缴纳一定数目的特许经营费，以获得在公园内开发餐饮、住宿、河流运营、纪念品商店等旅游配套服务的权利。此外，个人或企业捐赠、基金会等融资方式在国外国家公园资金来源中占据重要地位。在美国，几乎每个国家公园都接受过非政府组织提供的帮助。其中较为著名的有国家公园基金会，该基金会年均能筹集数千万美元的捐款，为美国国家公园以及项目支持提供了大量经费。

南非的国家公园通过动物拍卖，允许周边居民到国家公园收获芦苇、肉类等自然资源，雇用居民以及改善周边基础设施等实现与社区共管，对带动周边社区的发展产生了重要的积极作用。

（二）属地自治管理模式

属地自治管理模式是指中央政府将国家公园的管治权限下放给各地区或各领地的属地管理部门，中央政府主要扮演对外沟通交流及内部引导协调的角色，属地管理部门对当地国家公园的立法、规划、决策和执行有自主权和决定权，联邦政府部门不参与具体管理。此种模式的代表国家是澳大利亚和德国。

（1）在管理体制方面。在澳大利亚，各州政府对建立和管理本州范围内的国家公园承担责任。各州对本地的国家公园设立相应的管理执行机构，主要履行执法、制定国家公园管理计划、负责国家公园基础设施建设和对外宣传、监督经营承包商的各种经营活动等职责。同时，从主要政府管理机构来说，南威尔士率先成立国家公园和野生动物局，取代原有的风景保护委员会，在此之后，塔斯马尼亚、南澳和昆士兰皆效仿南威尔士建立自己的国家公园和野生动物局，而维多利亚州设立维多利亚公园局，西澳设立环境保护部，首都领地设立环境部，北领地设立保护委员会。

在德国，联邦政府仅对国家公园的建设提出指导性的框架规定，州政府拥有国家公园最高管理权，公园的建立、管理机构的设置、管理目标的制定等一系列事务都由地区或州政府决定。德国国家公园管理机构分为三级，为州立环境部、地区国家公园管理办事处、县（市）国家公园管理办公室，分别隶属于各州（县、市）议会，并在州或县（市）政府的直接领导下，依据国家的有关法规自主地进行国家公园的管理与经营活动。

（2）在立法保障方面。在澳大利亚，联邦政府在环境部下设澳大利亚公园局，通过制定法律和政策给予自然保护优先权，并采取多项监管严控措施以控制和杜绝国家公园的无序发展。从国家公园管理遵循的相关法律来说，领地（北领地和首都领地）采纳联邦政府制定的《环境保护和生物多样性保存法》，新南威尔士、维多利亚、西澳、昆士兰、塔斯马尼亚、南澳 6 个州执行的是由各州政府制定的法案。

在德国国家公园的立法体系中，上有最高的《联邦德国自然保护法》，下有各个国家公园的具体的专门立法，又有各类有针对性的规章制度。其中，最高位法明确了国家公园立法的初衷，即保护大量具有原始特征的领土上的濒危物种并维持其生态完整性。此外，德国国家公园几乎“一园一法”，并通过制定章程和规定来进一步明确各自的发展目标和职责。例如，在德国的 14 个国家公园中，有 10 个都将通过吸引旅游来促进当地经济发展写入其创始章程中。

(3) 在经营管理机制方面。在澳大利亚，国家公园由企业或个人经营，经营承包商的职责是改进服务、加强管理、提高效益。例如，澳大利亚维多利亚州国家公园局规定，凡是具备公共责任险（投保 1 000 万澳元以上）、拥有急救设施条件的企业和个人就可取得在国家公园内对某项活动或景点 12 个月的经营权。此外，澳大利亚政府充分发挥“清洁澳大利亚”“澳大利亚信托会”等非政府、非营利性环保组织作用，并吸纳大量志愿者为国家公园无偿提供服务。

德国国家公园经营管理实行分区模式，自然演进区、管控区和发展区保护等级依次递减，在核心区内除道路建设外不准任何形式的开发利用，限制区内则允许人工建设和大规模人类活动，外围防护区则主要用于保护生物群落。所有州的国家公园均不收门票，国家公园资金的主要来源渠道为州政府，其运营开支被纳入州公共财政进行统一安排，主要用于国家公园的设施建设和其他保护管理事务。此外，德国国家公园注重把与周边相关村落、旅游公司、公交公司等建立良好的合作机制作为获取资金支持的重要方式。

（三）协作共治共管模式

协作共治共管模式是指国家公园的管理以多个利益相关者为主导力量，共同分担决策权力和责任义务。采取这种模式的一个重要原因是国家公园范围内的土地属于私人，如日本国立公园中国有土地占 61.9%，共有土地占 12.2%，私有地占 25.9%。协作共治共管模式重视利益相关者的参与、互动和共识达成，遵循约束、协调和控制的管治特征，致力于将国家公园建设成为现代社会实现人与自然和谐共处、友好共融的“生态空间”。协作共治共管模式的典型代表为英国和日本。

(1) 在管理体制方面。英国国家公园管理由三级体系组成。在联合王国层面，国家环境、食品和乡村事务部总体负责所有国家公园，承担法律保障、全局规划等职责；在成员层面，分别由英格兰自然署、威尔士乡村委员会和苏格兰自然遗产部负责其国土范围的国家公园划定和监管；在国家公园层面，每个国家公园均设立公园管理局，由政府任命的管理人员会与相关领域的专家、地方行政官员和公众代表组成国家公园委员会，对国家公园进行管理，其中国家代表占 1/4 到 1/3。同时，一些非政府机构，比如国家公园管理局协会、国家公园运动（CNP）等也参与国家公园的管理，承担维护公众利益、运作监督的任务。

在日本的国家公园管理中，中央政府部门参与的同时，地方政府又有一定的自主权，且私营和民间机构也十分活跃。日本的国家公园分为国立公园、国定公园、地方自然公园三个等级，管理机构的设置因等级差异而不同。其中，国立公园由国家指定并管理，国定公园由国家指定、地方（都道府县）管理，地方自然公园由各都道府县自行指定与管理。

（2）在立法保障方面。1949 年，英国通过了《国家公园与乡村通道法》。1972 年通过的《地方政府法》规定了英国国家公园规划制度的初步模型，授权国家公园作为独立的规划主体，可以独立行使规划的权力。1995 年通过的《环境法》为国家公园管理确立了“保护优先于一切利益”的原则，让英国国家公园的管理体系和规划制度有了清晰的发展脉络，是英国国家公园立法的里程碑。

在日本，1973 年颁布的《自然保护法》适应了日本经济社会发展的要求和社会公众的需要，对原有国家公园规划进行审查并扩大了国家公园保护的范围。此外，日本通过自下而上的国家公园管理决策方法和法制规范，建立覆盖政府边界和涉及社区利益的较为健全的公园管理系统，提高了国家公园建设水平。

（3）在经营管理机制方面。在英国，国家公园免费开放，国家公园建设运行经费主要由中央政府资助，环境食品与乡村事务部每年将大额款项拨给国家公园作为行政管理费，另有小额款项用于资助可持续发展小项目。此外，英国的国家公园内农场占据相当大的面积，且大多为当地农户私人所有，国家鼓励这些农户继续保留这种原生传统的农场文化，为乡村旅游提供经济动力。例如，向公众开放的农场步行道，为城市居民提供手工作坊体验以及特色农产品的供应，皆可以为当地农户带来良好的经济收益，为社区发展注入活力。

在日本，国家公园采用特别保护区、特别区和海洋公园区分区架构，公园内的食宿设施和娱乐文化项目通过特许经营等方式委托给企业或个人经营，其资金来源于国家财政拨款、自筹、贷款、引资等。比如，公园内商业经营者上缴的管理费或利税，通过基金会形式向社会募集的资金，地方财团投资等。此外，日本国家公园设有专门的社会捐赠机构接受捐赠。

三、我国国家公园的发展历程

我国国家公园的发展历程大致可以分为萌芽期（民国时期）、奠基期（新中国成立至 21 世纪初）、摸索期（21 世纪初至 2012 年）、确立期（新时代至今）四个阶段。

（一）萌芽期（民国时期）

20 世纪 30—40 年代，民国政府以庐山、太湖等成熟风景区为基础，进行了有益探索，编制了相应的规划文件。1930 年，风景园林大师陈植主编的《国立太湖公园计划书》写道："盖国立公园之本义，乃所以永久保存一定区域内之风景，以备公众之享用者也。国立公园事业有二，一为风景之保存，一为风景之启发，二者缺一，国立公园之本意遂失。"这一时期，还逐步构建了风景区管理机构。1932 年（民国 21 年），国民党元老许世英发起设立黄山建设委员会，1943 年（民国 32

年），成立黄山管理局，隶属安徽省政府。

（二）奠基期（新中国成立至21世纪初）

新中国成立以来，我国的自然生态系统和自然遗产保护事业快速发展。1956年，广东省肇庆市建立了我国第一个自然保护区——鼎湖山自然保护区。从1956年到1979年，这20多年间自然保护区数量增长较为缓慢，共设立了29处自然保护区。改革开放后，自然保护区数量快速增长。虽然此阶段我国没有建立国家公园，但对国外国家公园制度也有所借鉴。比如，1982年，我国开始建立风景名胜区制度和森林公园制度，就借鉴了国外设立国家公园的经验，在“中国国家风景名胜区”徽志上将其对应的英文名命名为“National Park of China”，即“中国国家公园”。此后至2000年，我国自然保护地类型一直由自然保护区、风景名胜区、森林公园3类保护地构成。到2000年，我国有国家级自然保护区323处、国家级风景名胜区119处、国家级森林公园339处。

从2001年开始，国家各部门纷纷设立新的自然保护地类型。例如，2001年设立了国家地质公园、国家级水利风景区，2005年设立了国家级海洋特别保护区、国家级湿地公园，等等。至此，我国建立了自然保护区、风景名胜区、自然文化遗产、森林公园、地质公园等多种类型的保护地，基本覆盖了我国绝大多数重要的自然生态系统和自然遗产资源，为下一步探索建立以国家公园为主体的自然保护地体系奠定了基础。

（三）摸索期（21世纪初至2012年）

进入21世纪，各级地方政府和有关国家行政部门开始主导和批准国家公园试点。2006年，云南省迪庆藏族自治州提出建立“中国大陆第一个国家公园试点——香格里拉普达措国家公园”。2008年，国家林业局批准云南省为国家公园建设试点省，云南省相继建立了丽江老君山、西双版纳、梅里雪山、普洱、高黎贡山、南滚河和大围山等国家公园。2008年黑龙江汤旺河国家公园获得环保部和国家旅游局批复，被新闻报道为“我国首个获得国家级政府部门批准核定建设的国家公园”。此后，浙江省仙居、开化，贵州、湖北、西藏等地提出创建国家公园。这一时期，为我国从国家层面开展国家公园体制试点积累了有益经验。

（四）确立期（新时代至今）

党的十八大以来，以习近平同志为核心的党中央在对我国60多年的自然保护历史进行全面总结的基础上，借鉴国家公园建设的国际经验，站在为中华民族永续发展夯实生态基础的战略高度，做出建立国家公园体制的重大决策部署。2013年11月12日，党的十八届三中全会通过的《中共中央关于全面深化改革若干重大问题的决定》，明确提出要“建立国家公园体制”。2015年1月，国家发展和改革委员会等13部委联合下发《建立国家公园体制试点方案》，确定了北京、云南、青海、福建、浙江、湖南、湖北、黑龙江、吉林9个试点省（市），要求每个试点省（市）选取1个区域开展试点。2015年12月，中央全面深化改革领导小组第十九次会议审议通过《中国三江源国家公园体制试点方案》，标志着我国首个国家公园体制试点区启动。2016年5月至10月，国家发展和改革委员会陆续批复神农架、武夷山、钱江源、南山、长城、普达措等6个试点区的试点实施方案。2016年12月，中央全面深化改革领导小组第三十次会议审议通过大熊猫和东北虎豹2个试点区的试点方案。2017年6月，中央全面深化改革领导小组第三十次会议审议通过《祁连山国家公园体制试点方案》。至此，我国确定了三江源、神农架、武夷山、钱江源、南山、长城、普达措、大熊猫、东北虎豹、祁连山10个试点区。2019年1月，中央全面深化改革委员会第六次会议审议通过了《海南热带雨林国家公园体制试点方案》。2018年，长城终止国家公园体制试点，加入了国家文化公园建设序列。由此，国家公园试点区仍为10个。还有一个现象值得关注，最早我国国家公园体制试点是由国家发展和改革委员会主导，国家发展和改革委员会2015年牵头下发了总体上的试点方案，而第一个具体的国家公园试点方案——《三江源国家公园体制试点方案》则由中央全面深化改革领导小组第十九次会议审议通过，之后，国家发展和改革委员会又批复了神农架、武夷山等6个试点方案，中央全面深化改革领导小组会议则通过了大熊猫、东北虎豹、祁连山和海南热带雨林国家公园试点方案。

2017年9月，中共中央办公厅、国务院办公厅印发了《建立国家公园体制总体方案》，标志着我国国家公园体制的顶层设计初步完成，国家公园建设进入实质性阶段。党的十九大提出，构建国土空间开发保护制度，完善主体功能区配套政策，建立以国家公园为主体的自然保护地体系。2019年6月，中共中央办公厅、国务院办公厅印发了《关于建立以国家公园为主体的自然保护地体系的指导意见》，标志着我国自然保护地进入全面深化改革的新阶段。2021年10月12日，习近平主席在《生物多样性公约》第十五次缔约方大会领导人峰会上宣布中国正式设立5家国家公园，这标志着我国国家公园体制试点工作顺利完成，国家公园体制正式确立，掀开了国家公园建设新的篇章。党的二十大报告强调，“推进以国家公园为主体的自然保护地体系建设。实施生物多样性保护重大工程”，为我国国家公园建设、生物多样性保护注入新的动力。

党的十八大以来，我国把构建以国家公园为主体的自然保护地体系提升到了一个极高的位置，开创了国家公园建设的新局面。为什么我国如此重视国家公园建设？主要基于以下原因：

首先，这是解决多头管理、提升生态环境领域治理体系和治理能力现代化的需要。尽管新中国成立后，我国自然保护地建设取得了极大成就，在维护国家生态安全、保护生物多样性、保存自然遗产和改善生态环境质量等方面发挥了重要作用，但长期以来存在的顶层设计不完善、管理体制不顺畅、产权责任不清晰等问题，仍与新时代发展要求不相适应，亟须改革。一是多头管理，保护力量分散。在改革前，我国没有统一管理保护地的国家行政部门。原环保部、林业局、住建部、国土资源局、海洋局、水利部、农业部、中科院、地震局等部门均针对各自管辖范围内的自然资源类型，纷纷设立具有保护性质的用地，呈现出“九龙治水”的分散局面。比如，原国家林业局主管林业系统国家自然保护区、国家级森林公园、国家级湿地公园，原住建部主管国家级风景名胜区，原国土资源部主管国土系统国家自然保护区、国家级地质公园、国家矿山公园等，原水利部主管水利系统国家自然保护区、国家级水利风景区，原环保部主管环保系统国家自然保护区、饮用水水源保护区，等等。据原环保部 2014 年统计，我国有自然保护区 2 669 处、风景名胜区 962 处、国家地质公园 218 处、森林公园 2 855 处、湿地公园 298 处、海洋特别保护区（含海洋公园）41 处、（地方性或部门性）国家公园试点 9 处。各个部门往往各自为政，缺乏有效沟通和合作，而且有些部门的主要职责并不是保护自然环境和生态系统，从而导致保护职能的边缘化及保护力量的削弱。二是各类保护地空间范围相互交错。森林公园、风景名胜区、自然保护区、重点文物保护单位等，空间重叠，管理边界相互缠绕，你中有我，我中有你，在同一范围内，存在住建、林业、文化、旅游等多个部门。许多保护地单元存在“一地多名”的现象，如九寨沟既是国家级自然保护区，又是国家级风景名胜区和国家地质公园，且三者范围并不一致，带来复杂的界权问题，基层管理人员疲于应付多个上级管理部门的要求，不能专注于保护管理。三是一些保护地范围划定不合理。部分地区生物多样性保护空间网络的整体性和连通性不足，自然保护地之间缺少必要的生态廊道，保护区域生态孤岛趋势明显，影响物种迁徙与物质循环，不利于生物多样性保护。一些保护地在划定时将大量生态保护价值较低的区域，如城镇、村庄等纳入保护范围。据统计，仅国家级自然保护区内就存在 29 个城市建成区、531 个建制乡镇建成区、5 779 个行政村，涉及人口达到 374 万。类似现象在省级自然保护区和其他类型保护地同样存在。此外，还存在保护资金投入不足、立法不到位等问题，有的保护地“公益”变“营利”，沦为地方政府“GDP 发动机”和旅游企业的“摇钱树”，没有得到很好的保护。

因此，迫切需要改革分头设置自然保护区、风景名胜区、文化自然遗产、地质公园、森林公园等的体制，通过建立统一规范高效的中国特色国家公园体制，整合各类各级自然保护地和周边生态价值高的区域，破解部门、地方利益与行政体制的分割，有效解决交叉重叠、多头管理的碎片化问题，不断提升生态环境领域治理体系和治理能力的现代化。

其次，这是加强我国生物多样性保护的迫切需要。我国是世界上生物多样性最丰富的国家之一，有高等植物 3 500 种以上，哺乳动物接近 700 种，它们的特有率超过了 20%，排在全球前列。虽然近年来我国开展了一系列生物多样性保护措施，成效也比较显著，但受栖息地丧失、生境破碎化、资源过度利用、环境污染等因素影响，我国仍然是世界上生物多样性受威胁最严重的国家之一。在《濒危野生动植物种国际贸易公约》列出的 640 个世界性濒危物种中，中国就占了约 25%，形势十分严峻。国家公园是我国自然生态系统中最重要、自然景观最独特、自然遗产最精华、生物多样性最富集的部分，保护范围大，生态过程完整，实行最严格的保护，其保护价值和生态功能在全国自然保护地体系中居于主体地位，在保护最珍贵、最重要生物多样性集中分布区中居于主导地位，是我国生物多样性保护的关键所在。比如，大熊猫国家公园将原来分属不同部门、不同行政区域的 69 个自然保护地连为一体，明显改善了自然生态系统的连通性，使 13 个相对独立的大熊猫局域种群连成一片，保护了全国 87.5%的野生大熊猫，为大熊猫及其伞护的生物多样性保护奠定了基础。通过构建科学合理的以国家公园为主体的自然保护地体系，我国 90%的陆地生态系统类型和 71%的国家重点保护野生动植物物种得到有效保护。

再次，这是彰显我国国家生态形象的迫切需要。国家公园既具有极其重要的自然生态系统，又拥有独特的自然景观和丰富的科学内涵，国民认同度高。国家公园以国家利益为主导，坚持国家所有，具有国家象征，代表国家形象，彰显中华文明。从山川河流到生灵万物，从和谐相处到共生共荣，国家公园里呈现出美丽中国的生态良好之美、绿色发展之美、世代传承之美、和谐共生之美。国家公园也是中华文明的传承载体，中华民族千百年来形成的道法自然、天人合一的生态智慧，崇敬自然、顺势而为的生存法则，人与自然和谐共生的发展理念，都在国家公园里得到呈现。这些珍贵的自然文化遗产，向世人展现了一个开放、包容的文明古国的形象。同时，国家公园坚持全民公益性，坚持全民共享，为公众提供亲近自然、体验自然、了解自然以及作为国民福利的游憩机会，并且鼓励公众参与，调动全民积极性，能够进一步激发人们的自然保护意识，不断增强民族自豪感。

最后，这是积极参与全球生态治理的迫切需要。生物多样性丧失是全球性危机，需要全球共同行动才能解决。为推动生物多样性保护，国际社会一直在努力。1992 年 5 月 22 日，《生物多样性公约》文本在肯尼亚内罗毕通过。1993 年，《生物多样性公约》正式生效，公约确立了保护生物多样性、可持续利用其组成部分以及公平合理分享由利用遗传资源而产生的惠益三大目标，全球生物多样性保护开启了新纪元。1992 年 6 月，我国签署了《生物多样性公约》，是最早签署公约的国家之一，此后又分别于 2005 年、2016 年批准并加入了《卡塔赫纳生物安全议定书》和《名古屋遗传资源议定书》。我国积极采取行动，扎实履行公约，将公约规定的义务落到实处，并取得积极成效：实现并超越了设立陆地自然保护区、恢复和保障重要生态系统服务、增加生态系统的复原力和碳储量等 3 项“爱知目标”，生物多样性主流化、可持续管理农林渔业、可持续生产和消费等 13 项“爱知目标”取得良好进展。2021 年 10 月，《生物多样性公约》第十五次缔约方大会领导人峰会在昆明召开，该大会以“生态文明：共建地球生命共同体”为主题，推动制定“2020 年后全球生物多样性框架”，为未来全球生物多样性保护设定目标、明确路径。在这次大会上，习近平主席宣布我国正式设立 5 家国家公园。正式设立国家公园向全世界宣告我国是真正的行动派，充分彰显了中国作为全球生态文明建设的参与者、贡献者、引领者的积极作为和历史担当。建立与国际接轨的国家公园体制，有利于我们更好地讲中国故事、体现中国智慧，有利于提高我国在全球生态治理中的话语权，有利于我国在共同构建地球生命共同体中更好地发挥引领作用。

四、首批正式设立的国家公园的特点及试点成效

三江源国家公园位于青海省南部，总面积 19.07 万平方公里，是面积最大的国家公园，平均海拔 4 712 米，是长江、黄河、澜沧江的发源地，被誉为“中华水塔”，是我国乃至亚洲重要的生态安全屏障，是全球气候变化反应最为敏感的区域之一，也是我国生物多样性保护优先区之一。园内广泛分布冰川雪山、高海拔湿地、荒漠戈壁、高寒草原草甸，生态类型丰富，结构功能完整，是地球第三极青藏高原高寒生态系统大尺度保护的典范。试点区历史遗迹遗址广泛分布，藏传佛教源远流长，藏族传统生产生活方式保持完好，形成了敬畏生命、天人合一的自然保护理念。目前，三江源国家公园区域内有野生动物 125 种，多为青藏高原特有种，且种群数量大。其中兽类 47 种，包括雪豹、藏羚羊、野牦牛、藏野驴、白唇鹿、马麝、金钱豹 7 种国家一级保护动物，鸟类

59种，包括黑颈鹤、白尾海雕、金雕3种国家一级保护动物，还有鱼类15种。三江源国家公园是官方认定的第一个国家公园体制试点，但一开始还有争议。因为云南的迪庆藏族自治州在2006年就提出建立“中国大陆第一个国家公园试点——香格里拉普达措国家公园”，媒体也一直这么宣传，普达措也是正式确立的10家国家公园体制试点区之一，所以云南认为普达措才是第一个国家公园体制试点。习近平总书记2019年8月在致第一届国家公园论坛的贺信中指出：“三江源国家公园就是中国第一个国家公园体制试点。”至此才没有了争论。

大熊猫国家公园保护面积2.2万平方公里，是野生大熊猫集中分布区和主要繁衍栖息地。截至2021年底，大熊猫国家公园试点区域内有野生大熊猫1 631只，占全国野生大熊猫数量的87.5%，同时覆盖了至少641个脊椎动物物种和3 446个植物物种的栖息地；有国家重点保护野生动物116种、国家重点保护野生植物35种，是生物多样性保护示范区、生态价值实现先行区和世界生态教育样板。大熊猫国家公园具有“一最、二大、三多”的特殊性。“一最”，即涉及省份最多，大熊猫国家公园是首批设立国家公园中唯一一个横跨三个省份的区域，跨四川、陕西、甘肃3省，总面积仅次于三江源国家公园。“二大”，即海拔跨度大、整合难度大。公园内海拔跨度近5 000米，最高山体海拔5 588米，最低山体海拔595米，是全球地形地貌最为复杂的地区之一，有各类自然保护地82个，分属于各级政府和各行业部门管理，整合难度大。“三多”，即原住民多、矿点多、旅游经营机构多。公园区域内涉及152个乡镇12.08万人，有藏族、羌族、彝族、回族、蒙古族、土家族、侗族、瑶族等19个少数民族，其中矿业权263处，旅游经营机构1 107个，核心保护区至2017年仍有原住民5 553人，保护与发展矛盾突出。

东北虎豹国家公园跨吉林、黑龙江两省，与俄罗斯、朝鲜接壤，公园面积1.46万平方公里，分布着我国境内规模最大、唯一具有繁殖家族的野生东北虎、东北豹种群。区内有东北虎、东北豹、紫貂、中华秋沙鸭、丹顶鹤等国家重点保护动物，以及东北红豆杉、红松等国家重点保护植物，是我国东北虎、东北豹种群数量最多、活动最频繁、最重要的定居和繁育区域，也是重要的野生动植物分布区和北半球温带区生物多样性最丰富的地区之一，是温带森林生态系统的典型代表、跨境合作保护的典范。截至 2022 年 7 月，东北虎豹国家公园内的野生东北虎、东北豹数量已由 2017 年的 27 只、42 只分别增至 50 只、60 只。

武夷山国家公园跨福建、江西两省，保护面积 1 280 平方公里，分布有全球同纬度最完整、面积最大的中亚热带原生性常绿阔叶林生态系统，是我国东南动植物宝库。2022 年 1 月，福建省政府新闻办举行的“武夷山国家公园生物资源本底调查阶段性成果新闻发布会”公布数据显示，目前，调查团现已记录野生动物达 7 407 种，高等植物达 2 799 种。武夷山国家公园还拥有黄腹角雉、白颈长尾雉、金斑喙凤蝶、白鹇等国家重点保护动物，南方红豆杉、闽楠等国家重点保护植物，被中外生物学家誉为“蛇的王国”“昆虫世界”“鸟的天堂”“世界生物模式标本的产地”“研究亚洲两栖爬行动物的钥匙”。武夷山是我国重要的佛道名山、朱子理学摇篮，还是乌龙茶和红茶发源地，人文与自然有机相融，是全国唯一属于世界文化与自然双遗产地的国家公园体制试点区，是文化和自然世代传承、人与自然和谐共生的典范。1999 年，武夷山被列入《世界遗产名录》时，一项重要评定依据是：武夷山是朱子理学的摇篮。朱子，就是与孔子并称的儒家思想代表——朱熹（1130—1200 年）。在他 71 年的生涯中，有 40 余年时光是在闽北和武夷山度过的。武夷山有一座朱熹园，又名武夷精舍。作为复兴儒学的领军人物，朱熹以书院为阵地，宣扬以德育为核心的教育思想，把我国书院文化推到了顶峰。从江西白鹿洞书院，到湖南岳麓书院，朱熹都倾注了极大的心血。武夷精舍是朱熹回到家乡后一手创建的书院，这里也是他完成

《四书集注》的地方。2021 年 3 月 22 日下午，习近平总书记到武夷山考察时，还来到朱熹园，了解朱熹生平及理学研究等情况。习近平总书记表示，我们走中国特色社会主义道路，一定要推进马克思主义中国化。如果没有中华五千年文明，哪里有什么中国特色？如果不是中国特色，哪有我们今天这么成功的中国特色社会主义道路？我们要特别重视挖掘中华五千年文明中的精华，弘扬优秀传统文化，把其中的精华同马克思主义立场观点方法结合起来，坚定不移走中国特色社会主义道路。

总结 10 个国家公园特别是 5 个首批正式设立的国家公园的试点历程，我国国家公园体制试点工作主要取得了以下成效：

一是完成顶层设计和发展蓝图。《中共中央关于全面深化改革若干重大问题的决定》《生态文明体制改革总体方案》《建立国家公园体制总体方案》《关于建立以国家公园为主体的自然保护地体系的指导意见》等文件，为国家公园体制试点及未来的建设指明了方向，明确了目标，提出了要求。明确到 2025 年，健全国家公园体制，完成自然保护地整合归并优化，完善自然保护地体系的法律法规、管理和监督制度，提升自然生态空间承载力，初步建成以国家公园为主体的自然保护地体系。将自然保护地按生态价值和保护强度高低依次分为国家公园、自然保护区、自然公园 3 类。整合优化后，做到一个保护地只有一套机构，只保留一块牌子。到 2035 年，显著提高自然保护地管理效能和生态产品供给能力，自然保护地规模和管理达到世界先进水平，全面建成中国特色自然保护地体系。自然保护地占陆域国土面积的 18%以上。

二是初步确立了统一、分级的管理体制，自然保护地“九龙治水”问题得到改善。国家层面，组建了国家林业和草原局并加挂国家公园管理局牌子，统一负责管理国家公园等各类自然保护地。在试点层面，10 个试点区整合了原有各类自然保护地的管理职能，均组建了统一的国家公园管理机构，实行统一管理。国家公园建立后，在相同区域一律不再保留或设立其他自然保护地类型。形成了中央直管、委托省级政府代管、中央和省共管三种管理模式。其中，东北虎豹国家公园是目前唯一由国家林业和草原局（国家公园管理局）代表中央政府垂直管理的国家公园，建立了“管理局—管理分局—基层保护站”的三级垂直管理体系，管理局以下成立 10 个管理分局，分局以下设立国家公园保护站。大熊猫国家公园和祁连山国家公园是中央和省级政府共同管理模式。大熊猫国家公园依托国家林草局驻成都专员办挂牌成立大熊猫国家公园管理局，并分别依托四川、陕西、甘肃 3 省林草局加挂省管理局牌子，以省政府管理为主。三江源和海南热带雨林国家公园是中央委托省级政府代管模式。青海按照不新增行政事业编制、“编随职转、人随事走”的原则，建立了由三江源国家公园管理局、园区管委会以及县、乡、村一级管护队组成的国家公园行政管理体系。此外，武夷山整合组建了由福建省政府垂直管理的武夷山国家公园管理局，并在区内涉及的 6 个主要乡镇（街道）分别设立国家公园管理站，形成“管理局—管理站”两级管理体系。

三是相继启动了法规制度建设，推动国家公园制度化管理。各试点在缺少上位法支撑的情况下，积极探索和制定“一园一规”。青海、福建、海南各省分别颁布了《三江源国家公园条例（试行）》《武夷山国家公园条例（试行）》《海南热带雨林国家公园条例（试行）》；大熊猫试点已启动了管理办法的编制工作。各试点条例确定了国家公园的管理体制、规划建设、资源保护、利用管理、社会参与等主要内容，为国家公园管理工作提供法治保障。各试点还建立了相关管理制度和标准，规范国家公园的运行管理。

四是坚持“生态保护第一”的管理理念，生态环境整治成效显著。各试点开展了一系列生态环境保育、修复和整治工作，突出了国家公园的严格保护。例如三江源试点取缔关闭砂石料场 113 家，开展了黑土滩治理，植被覆盖率增加到80%以上。武夷山试点印发了《关于进一步严厉打击违法违规开垦茶山行为的通告》，从严禁违法违规开垦茶山、严禁挖掘机上山开垦林地、严禁对违法违规开垦茶山“黑名单”上的企业和个人进行扶持、规范老茶山改造等方面进行茶山整治，2008年12月以来共清退违法违规茶山7 300亩，拔除茶苗30多亩，完成生态修复6 500亩，拆除违规建设39处。

五是稳步推进各项保护管理工作，国家公园生态保护基础进一步夯实。首先在资金投入方面，力度不断加大。中央层面，国家发展改革委除在原有的中央预算内投资专项中安排资金外，专门在文化旅游提升工程专项下安排国家公园体制试点资金，2017年至2020年共投资38.69亿元；财政部2017年至2019年通过一般性转移支付安排各试点省共9.8亿元，2020年将国家公园支出纳入了林业草原生态保护恢复资金，并安排预算10亿元。省级和地方财政持续增加配套资金和专用经费。此外，中国绿化基金会、全球环境基金等社会组织对国家公园保护事业的支持力度逐步加大，试点以来，10个试点区累计获得捐赠超过2亿元。

在自然资源和生态系统监测方面，各试点开展了许多工作。比如三江源、东北虎豹试点均建立了“天空地一体化”监测体系，监测范围涵盖了重要自然生态系统及野生动植物分布范围和活动密集区域，处于国内领先水平。大熊猫国家公园建立了较为系统的针对野生大熊猫种群、栖息地及伴生动物的红外相机监测网络，布设有红外相机近1万台。

在统一确权登记方面，各试点基本完成了自然资源资产确权登记，明确界定了各类自然资源资产的产权主体和边界。

在社区共建共管方面，三江源试点结合精准扶贫，按照“户均一岗”原则，设置了17 211个生态管护公益岗位，实现人均年增收

2.16万元，使社区居民享受生态保护带来的红利。大熊猫国家公园探索建立了以管理分局为主体的“共管理事会”，旨在打造共建共管共享的协调沟通平台，调动保护地及周边原住居民参与保护地建设与管理的积极性，实现自然保护和社区发展“双赢”。例如，四川省管理局、德阳市政府、中林集团合作投资100亿元，在绵竹入口社区打造“大熊猫国家公园创新示范区”，该示范区成为国内首个“国家公园会客厅”。

在探索生态产品价值实现途径方面，武夷山国家公园建立特许经营制度，出台《武夷山国家公园特许经营管理暂行办法》，由武夷山国家公园管理局行使特许经营权，区内的竹筏游览、漂流、演出等商业活动得到了规范。三江源国家公园鼓励支持牧民以投资入股、合作劳务等多种形式开展家庭宾馆、旅行社、牧家乐、民族文化演艺、交通保障、餐饮服务等经营项目，参与生态产品价值实现。大熊猫国家公园积极搭建生态体验和环境教育平台，发挥教育游憩功能，形成了大熊猫国家公园自然教育基地网格。

同时，各试点区积极搭建国家公园研究机构，深化合作机制，有效提升了国家公园的科研水平。各试点区在原有科研条件的基础上，建立或共建国家公园科研机构20余个，涉及高校和科研院所等单位数十家，汇聚了一批多学科领域和行业背景的高水平人才，形成了强大的智力支持。

五、海南热带雨林国家公园体制试点情况

2018年4月13日，习近平总书记在庆祝海南建省办经济特区30周年大会上强调，海南要“积极开展国家公园体制试点，建设热带雨林等国家公园”，构建归属清晰、权责明确、监管有效的自然保护地体系。

由此海南正式启动热带雨林国家公园体制试点工作。

（一）建设热带雨林国家公园是一项功在当代、利在千秋的事业

我国热带雨林资源极为稀缺，仅在西藏、云南、广西、海南和台湾等省（区）有少量分布。其中，海南的热带雨林是我国分布最集中、类型最多样、保持最完好、连片面积最大的热带雨林，是全球唯一的“大陆性岛屿型”热带雨林、热带与亚热带过渡带最典型的热带雨林，具有独特的生态价值、文化价值、经济价值、社会价值、审美价值等。

一是生态价值。在生物多样性保护方面，在我国热带生物多样性最富集的地区中，海南热带雨林最具代表性。海南热带雨林是全球重要的种质资源基因库，是我国热带生物多样性保护的重要地区，也是全球34个生物多样性保护热点地区之一。海南热带雨林国家公园总面积4 269平方公里，约占海南岛陆域面积的1/7。虽然占全国国土面积的比例不足0.046%，但却拥有全国约20%的两栖类、33%的爬行类、38.6%的鸟类和20%的兽类。初步调查表明：海南热带雨林国家公园内有野生维管植物210科1 159属3 653种，其中国家重点保护植物有149种，国家Ⅰ级保护植物7种，主要为坡垒、卷萼兜兰、紫纹兜兰、美花兰、葫芦苏铁、海南苏铁、龙尾苏铁等，国家Ⅱ级保护植物142种，主要为海南黄花梨、土沉香、海南油杉、海南韶子等。此外，葫芦苏铁、坡垒、观光木等17种植物为极小种群物种。园区内有特有植物846种，其中中国特有植物427种，海南岛特有植物419种。海南热带雨林国家公园内共记录陆栖脊椎动物资源5纲38目145科414属540种，其中国家重点保护野生动物145种，国家Ⅰ级保护野生动物14种，主要为海南长臂猿、海南坡鹿、海南山鹧鸪、穿山甲等，国家Ⅱ级保护野生动物131种，主要为海南兔、水鹿、蟒蛇、黑熊等。海南特有野生动物23种。海南热带雨林还是全球最濒危的灵长类动物——海南长臂猿唯一分布地。建设热带雨林国家公园具有国家代表性和全球保护的重要意义。在涵养水源方面，森林可以贮存大量的降雨，俗话说“山上多种树，等于修水库；雨多它能吸，雨少它能吐”，它是“天然的水源调节器”。热带雨林有比其他森林更强的涵养水源和调节气候的能力。海南中部山脉森林地区特别是热带雨林分布集中的地区是海南岛主要水源涵养区，南渡江、昌化江、万泉河等主要江河就发源于此。据测算，海南热带雨林可将36%的降水量转化为可利用的水源。热带雨林水源是滋润海南大地和人民的生命之源。在保育土壤方面，据测算，海南森林年保育土壤总量为2 160万吨，其中热带天然林的固土量较高，占全省森林固土总量的59.1%。在固碳释氧方面，森林被誉为地球之肺，树木每生长1立方米的蓄积，约吸收1.83吨二氧化碳，释放1.62吨氧气。据测算，海南森林年固碳922万吨，释氧2 073万吨，海南热带雨林单位面积年净碳汇能力是其他有数据热带地区如夏威夷、亚马孙、马来半岛、非洲等地森林的1.8倍至4.6倍。森林固碳是国际社会公认的应对全球气候变化、实现碳中和目标的最有效方式。初步测算，海南每公顷热带雨林1年平均可吸收1吨到2吨碳，且碳汇能力随雨林植被生长逐年增长，年均增长3%～4%。通过修复和扩大热带雨林植被，其碳汇总量将越来越大。这不仅能够创造巨大的经济价值，而且可以保证海南率先实现“碳达峰”“碳中和”，为全国如期实现“碳达峰”“碳中和”战略目标做出重大贡献。在林木营养物质积累方面，据测算，海南森林年营养物质积累物质量相当于固定氮肥10.3万吨、固定磷肥0.79万吨、固定钾肥0.89万吨，其中天然林营养物质积累占全省总量的17.5%左右。在净化环境方面，海南森林生态系统年可提供负离子1.15E+26个（1.15×10^{26}），吸收二氧化硫1.3吨，吸收重金属1.1吨，滞尘5.1吨，其中海南热带天然林提供的负离子份额占68.8%。空气中的负离子被誉为“空气维生素”。此外，热带雨林还具有防台风、防洪、防盐碱等功能。

二是文化价值。海南的黎族、苗族主要居住在热带雨林国家公园及其周边，他们世代生活在雨林环境中，影响并见证了热带雨林的变迁，同时雨林元素也已深深地融入其民族特征中。比如，黎族文化中与热带雨林关系最直接、最密切的有刀耕火种、狩猎、钻木取火、树皮衣、船形屋、黎锦、文身等。比如，黎锦有三千多年的历史，纹样独具特色，以线条为基本元素，以菱形、正方形、三角形为基础图像，有动物纹样、植物纹样、人物纹样、复合纹样，其中蛙纹及变形蛙纹是主要图案，蕴含了崇拜自然、敬畏自然等内涵。诸如此类的黎苗雨林民族文化都是珍贵的人类非物质文化遗产。国家公园管理局五指山分局附近的一块石头上刻着一首诗《黎村》，诗中写道："岭半炊烟起，随牛远入村。编茅安石灶，种稻爇山园。祭鬼柴门肃，迎宾卉服尊。新年婚嫁日，席地闹盘樽。"这首诗由清咸丰年间举人吉大文（1828—1897年）所写，诗中描述了黎村的居住地、生活习俗、丰收情景，同时又反映了黎族好客、喜庆婚嫁的热闹场面。吉大文是清代崖州镜湖人（今乐东县九所镇镜湖村人），对黎族生活耳濡目染，所以描写的生动细致，可信度也高。

三是经济价值。国家公园核心保护区内禁止人为活动，一般控制区内限制人为活动，可以提供科研、教育、游憩等服务。2021年9月26日，海南在全国国家公园中，率先发布了生态系统生产总值（GEP）核算结果：2019年度GEP为2 045.13亿元，其中物质产品（包含林业产品、农业产品、畜牧业产品、生态能源等指标）价值为48.50亿元，生态系统文化服务价值（包含休闲旅游、景观价值等指标）为307.72亿元，生态系统调节服务（包含涵养水源、生物多样性、固碳释氧、洪水调蓄和空气净化等9项指标）价值为1 688.91亿元。这些生态产品能产生巨大的经济效益。

四是社会价值。生态好的地区也是经济相对落后的地区，国家公园还肩负着改善民生等重任。通过建设国家公园，把核心保护区的居民搬迁出来，安置在生产生活条件更好的地方，提供就业机会，可以使他们稳定脱贫致富。同时，通过合理规划国家公园周边社区建设，提供自然体验和游憩活动服务，设立生态公益岗位、生态补偿等多种方式，可以让社区居民享受到更多国家公园建设的红利。此外，国家公园还是一个天然的生态文明教育基地，也会产生巨大的社会效益。

五是审美价值。热带雨林国家公园拥有海南岛最高的山五指山、第二高峰鹦哥岭、第三高峰猕猴岭，是南渡江、昌化江、万泉河的发源地，有丰富而独有的物种，还是黎苗族雨林文化的“摇篮”，处处展现热带之美、自然之美、生态之美、人文之美，有极高的审美价值。神秘、探险、稀奇是雨林给人的直观感受，给海南带来了很高的美誉度。

（二）热带雨林国家公园体制试点取得的成效

海南热带雨林国家公园是10个国家公园体制试点区中最后一个试点，在起步晚、时间紧、任务重的情况下，海南热带雨林国家公园体制试点顺利通过了国家评估验收，成为第一批设立的5个国家公园之一。海南热带雨林国家公园体制试点主要取得了以下成效：

（1）首创扁平化的国家公园管理体制和双重管理的国家公园综合执法管理机制。一是成立海南热带雨林国家公园管理局。在海南省林业局加挂海南热带雨林国家公园管理局牌子，作为海南热带雨林国家公园管理机构，增设海南热带雨林国家公园处、森林防火处2个内设机构。同时，在省林业局自然保护地管理处加挂执法监督处牌子，在林业改革发展处加挂特许经营和社会参与管理处牌子，成立了海南智慧雨林中心并加挂海南热带雨林国家公园宣教科普中心牌子。二是整合成立二级管理机构。整合国家公园试点区原有19个自然保护地，在海南热带雨林国家公园管理局下设尖峰岭、霸王岭、吊罗山、黎母山、鹦哥岭、五指山、毛瑞等7个分局，作为海南热带雨林国家公园二级管理机构，均为正处级公益一类事业单位，试点区内原有的林业局、保护区管理局

(站)、林场等机构同时撤销，实现“管理局—管理分局”两级管理模式。三是独创国家公园综合执法派驻双重管理机制。海南热带雨林国家公园管理局设置了执法监督处，牵头负责指导、监督、协调国家公园区域内综合行政执法工作；国家公园区域内其余行政执法职责实行属地综合行政执法，由试点区涉及的 9 个市县综合行政执法局承担，单独设立国家公园执法大队，分别派驻到国家公园各分局，由各市县人民政府授权国家公园各分局指挥，统一负责国家公园区域内的综合行政执法。试点区内的森林公安继续承担涉林执法工作，实行海南省公安厅和海南省林业局双重管理。

(2) 开创生态搬迁集体土地与国有土地置换新模式。热带雨林国家公园核心保护区内共有 11 个自然村、470 户、1 885 人。伴随着生态环境恶化，传统生产方式已经难以为继，这些居民整体处于贫困状态。无论是巩固脱贫攻坚成果，还是实现国家公园核心保护区禁止人为活动目标，都需要对这些自然村进行生态移民搬迁。2016 年，海南在推进海南中部山区市县——白沙县的道银、坡告两个村的移民扶贫搬迁时，开创了村集体土地与农垦国有土地等价置换的模式，使村庄顺利搬迁。白沙县把该模式运用到位于国家公园核心保护区高峰村的生态搬迁中，高峰村 7 600 亩集体土地与白沙农场的 5 480 亩国有土地进行等价置换，置换后，国有土地登记变更为集体土地，集体土地登记变更为国有土地，原土地的使用性质不变。迁出地建设用地复垦为林地等农用地腾出的建设用地指标，可按照建设用地增减挂钩的原则用于迁入地安置区建设，不再另行办理农用地转用审批手续。

(3) 持续加强海南长臂猿保护研究。海南长臂猿是所有长臂猿中最濒危的种类，已被列入世界自然保护联盟濒危物种红色名录，仅分布在海南。可以说，衡量海南热带雨林国家公园生态保护有没有成效，海南长臂猿种群有没有增长是最重要的标尺。为加强海南长臂猿保护研究国际合作和联合攻关，国家林业和草原局与海南省共同设立“海南长臂猿保护研究中心”，建立“长臂猿保护国家长期科研基地”。海南热带雨林国家公园采取保护热带雨林自然恢复、适当建设生态廊道和补种宜食树种等多种方式，扩大海南长臂猿栖息地范围；组建专业队伍，采用科技手段，结合专业人员巡查，建立海南长臂猿保护监测机制。通过一系列保护措施，海南长臂猿生境条件持续改善，海南长臂猿种群数量呈现逐年稳步增加势头。至 2022 年上半年，海南长臂猿种群数量已从 1980 年的七八只恢复到 5 群 36 只。2020 年 8 月 20 日，海南组织相关机构举办海南长臂猿国际研讨会，就海南长臂猿保护的种群目标、种群繁殖、种群监测和栖息地生态修复等问题进行探讨，达成共识，并发布《海南长臂猿保护行动计划纲要》。专家预测，基于持续推进热带雨林生态系统和海南长臂猿保护力度不减，在没有发生重大突发事件的情况下，预计到 2035 年海南长臂猿个体数量将增加到 60～70 只。2020 年 12 月 17 日，世界自然保护联盟和海南国家公园研究院联合发布《全球长臂猿保护网络倡议》；2021 年 9 月 5 日，通过连线世界自然保护联盟马赛大会向全球发布海南长臂猿增加两只婴猿的情况和《海南长臂猿保护案例》；2021 年 10 月 12 日在《生物多样性公约》第十五次缔约方大会生态文明论坛第四分论坛上，海南省相关代表做题为《基于自然恢复的生物多样性保护——海南长臂猿案例》的主旨发言，向世界展示生物多样性保护的中国智慧、海南方案、霸王岭模式，获得国际保护组织和专家的高度评价，引发国际国内社会广泛关注。

（4）生物多样性保护成效明显。海南长臂猿的保护行动，带动了热带雨林国家公园生物多样性保护特别是濒危珍稀物种保护工作的全面展开。坡鹿是海南特有鹿种，一度濒临灭绝，为中国国家一级保护动物。随着国家公园建设的推进，海南省通过设立保护区、种植牧草、建渠引水、扩建围栏等举措，改善了坡鹿的生境，目前坡鹿种群恢复到 400～

500头。热带雨林生态环境不断改善，也为更多的野生动植物创造了更大更好的生存条件。海南热带雨林国家公园试点以来，热带雨林至少已发现野生动植物28个新成员，包括9个植物新种、6个动物新种和13个大型真菌新种，许多昔日销声匿迹的野生动物重返家园。2022年，亚洲小爪水獭重现吊罗山片区，这是热带雨林国家公园水系生态环境达到优质的标志。尖峰岭片区则发现了一个新植物种“尖峰水玉杯”和两栖爬行新物种“中华睑虎”。此外，新发现的海南小姬蛙被确定系海南特有两栖动物新种。这些发现，给海南热带雨林国家公园生物多样性保护增添了新成员。

（5）创新设立海南国家公园研究院。2020年1月5日，海南设立海南国家公园研究院。海南国家公园研究院，由海南热带雨林国家公园管理局联合中国林业科学研究院、北京林业大学、海南大学、中国热带农业科学院共同组建，是没有编制、没有行政级别的公益性事业单位，实行全员劳动合同聘用制。研究院实行理事会领导下的执行院长负责制，研究院人员管理实行市场化的运作方式，薪酬机制、用人机制、激励机制和市场化接轨。研究院以项目为导向，柔性引进高层次及特需人才，不求所有，但为所用，吸收了一批国际国内生物多样性等领域的顶尖人才。研究课题突出应用，面向国内外招标，采取“揭榜挂帅”方式委托项目负责人。研究成果组织专家评审，补助经费与成果质量挂钩。成立以来，海南国家公园研究院以服务热带雨林国家公园建设为宗旨，突出“小机构、大平台、大网络”运作特色，在争取国内外智力合作支持以及扩大海南生态文明建设和热带雨林保护的国内外影响力等方面，发挥了独特的作用。

（6）探索开展热带雨林国家公园试点区生态系统生产总值（GEP）核算工作。制定《海南热带雨林国家公园生态系统生产总值（GEP）核算技术方案》。经核算，海南热带雨林国家公园体制试点区2019年度

GEP为2 045.13亿元，单位面积GEP为0.46亿元每平方公里。其中，物质产品（包含林业产品、农业产品、畜牧业产品、生态能源等指标）价值为48.50亿元，占国家公园GEP总量的2.37%；生态系统调节服务（包含涵养水源、生物多样性、固碳释氧、洪水调蓄和空气净化等指标）价值为1 688.91亿元，占82.58%；生态系统文化服务价值（包含休闲旅游、景观价值等指标）为307.72亿元，占15.05%。至此，海南热带雨林国家公园成为10个国家公园体制试点中首个开展GEP核算的国家公园。

（7）国家公园制度体系逐步建立。颁布《海南热带雨林国家公园条例（试行）》和《海南热带雨林国家公园特许经营管理办法》，将国家公园管理纳入法治化轨道。印发实施《海南热带雨林国家公园体制试点方案》和《海南热带雨林国家公园总体规划（试行）》，编印生态保护、交通基础设施、生态旅游3个专项规划。制定印发实施国家公园社区发展、调查评估、巡护管护等10多项制度、办法和规范。编制并印发《海南热带雨林国家公园权力和责任清单》，划清热带雨林国家公园管理局和地方政府之间的权责。率先在全国开展试点区边界校核，确保规划落地。落实离任审计、森林资源管护责任状和生态损害赔偿制度等责任追究制度，全面开展生态系统状况、环境质量状况、基础设施建设和管理等第三方评估，公布举报电话和举报邮箱，强化热带雨林国家公园监管。

（8）建立社区协调两级管理机制。海南在省级层面成立海南热带雨林国家公园社区协调省级委员会；由海南热带雨林国家公园管理局直属的7个分局，牵头成立9个区域性社区协调委员会，共同协调解决资源保护和社区发展问题。通过签订合作保护协议、设立生态公益岗位等多种方式和合理规划建设国家公园周边入口社区、特色小镇，适度开展自然体验和游憩活动等多种形式，推动当地和周边居民共同参与国家公园保护管理和特许经营。通过编制海南热带雨林国家公园《志愿者管理办法》《社会捐赠制度》等，让更多人参与到国家公园建设中。

（9）建立科研监测体系。初步构建起覆盖试点区的森林动态监测大样地＋卫星样地＋随机样地＋公里网格样地四位一体的热带雨林生物多样性系统。编制海南热带雨林国家公园《监测体系建设规范》和《科研监测专项规划》，启动以核心保护区电子围栏为试点的国家公园智慧雨林项目建设。开展国家公园本底调查，初步建立海南热带雨林国家公园自然资源基础数据库。

（10）创新科普宣教机制。在国家公园周边学校成立第一批10个自然教育学校，多层次培训传播国家公园理念。开通海南热带雨林国家公园官网、公众号，公开发布热带雨林国家公园标识（logo）。该标识内涵十分丰富。在造型方面，标识源自海南名山五指山和海南热带雨林旗舰物种海南长臂猿融为一体的写意造型。绿色的线条生动地勾勒出五指山雨林的勃勃生机。两只长臂猿身体并列犹如中国古篆中的"林"字。亲密相拥的一雌一雄长臂猿正好位于五指山的第三峰，此创意出自《道德经》四十二章里的"道生一，一生二，二生三，三生万物"，寓意为以海南长臂猿为代表的热带雨林动植物生生不息、延绵不绝。在色彩方面，形象标识使用代表海南热带雨林的4种不同的绿色，同时用深咖啡色和金黄色巧妙地描绘出两只雌雄海南长臂猿（现实中成年海南长臂猿雌性为金黄色，雄性为黑色）。在字体方面，形象标识采用苏东坡的书法。鲜红的"雨林"篆体二字中国印，表明要兑现保护海南热带雨林的庄严"承诺"。

海南热带雨林国家公园体制试点，为我国国家公园建设提供了有益经验。2022年4月，习近平总书记深入海南热带雨林国家公园五指山片区考察调研，沿木栈道步行察看公园生态环境，不时停下脚步，询问树木生长、水源涵养、动植物资源保护等情况，充分肯定热带雨林国家公园建设工作。他指出，海南热带雨林国家公园是国宝，是水库、粮库、钱库，更是碳库，要充分认识其战略意义，坚持生态立省不动摇，把生态文明建设作为重中之重，对热带雨林实行严格保护，实现生态保护、绿色发展、民生改善相统一，向世界展示中国国家公园建设和生物多样性保护的丰硕成果。中华民族生生不息，生态文明建设奋斗不止。海南热带雨林国家公园迈出了万里长征的第一步，成绩来之不易，任务更加艰巨，前景无限美好。海南将以习近平生态文明思想为指引，持续努力、久久为功，努力打造中国国家公园的海南样板。

第七章 “双碳”目标与应对全球气候变化

工业革命以来的人类活动，特别是发达国家大量消费化石能源所产生的二氧化碳累积排放，导致大气中温室气体浓度显著增加，加剧了以变暖为主要特征的全球气候变化。应对气候变化，事关中华民族永续发展，关乎人类前途命运。

一、气候变化带来的影响

气候是指地球上某一地区多年时段大气的一般状态，是该时段各种天气过程的综合表现，反映一个地区的冷、暖、干、湿等基本特征。气候变化（climate change）是指气候平均状态统计学意义上的巨大改变或者持续较长一段时间（典型的为 30 年或更长）的气候变动。气候变化不但包括平均值的变化，也包括变率的变化。在联合国政府间气候变化专门委员会的定义中，气候变化是指气候随时间的任何变化，无论其原因是自然变率，还是人类活动。而在《联合国气候变化框架公约》中，气候变化是指“经过相当一段时间的观察，在自然气候变化之外由人类活动直接或间接地改变全球大气组成所导致的气候改变”。

气候变化是一个与时间尺度密切相关的概念，在不同的时间尺度下，气候变化的内容、表现形式和主要驱动因子均不相同。时间尺度范围可从最长的几十亿年到最短的年际。根据时间尺度的不同，气候变化问题一般可分为地质时期气候变化、历史时期气候变化和现代气候变化。地质时期是指距今1万年以前，气候变化以冰期与间冰期交替出现为特点。历史时期的时间范围是近1万年以来，这个时期已有人类出现，其间经历过温暖期与寒冷期、干期与湿期的交替变化过程，全球不同地区既有同步变化，又有反向变化。现代气候变化是指有较系统的气象仪器观测资料以来的气候变化。1873年第一届国际气象会议后，世界范围的气象观测网逐步建成。因此，现代气候变化也通常是指19世纪下半叶以来的气候变化。

近百年来，地球气候正经历一次以全球气候变暖为主要特征的显著变化。因此，在一般情况下，全球变暖和气候变化在日常生活中的含义通常可以互换，这也是现在人们提起气候变化一般会默认是全球气候变暖的原因。世界气象组织发布的《2021年全球气候状况》显示，温室气体浓度、海平面上升、海洋热量和海洋酸化等4项关键气候变化指标在2021年创下新纪录。2015—2021年是有记录以来最热的7年。此外，世界气象组织和英国气象局于2022年5月10日联合发布的《全球一年期至十年期气候更新报告》也指出，2022—2026年间，至少有一年有93%的可能性超过2016年，成为有记录以来最热的一年，5年平均值高于2017—2021年的平均值的可能性也为93%。

同时，近百年来全球海洋表面平均温度上升了0.89℃，全球海洋热量持续增长，并在20世纪90年代后显著加速。2021年海洋热量为有记录以来最高水平。预计未来海洋热量增长还将持续，而这一趋势在百年到千年的时间尺度上是不可逆的。数据显示，海洋变暖率在过去20年中显示出极其强劲的增长，且这种升温渗透到越来越深的地方，这表明海洋在不断吸收温室气体捕获的热量。海洋酸化现象也不断加剧。海洋吸收了每年人类活动向大气排放的约23%的二氧化碳，公海表面的pH值现在是2000年来的最低值——26。全球平均海平面继续上升，2013—2021年，全球平均海平面上升率为4.5毫米/年，该上升速率是1993—2002年的两倍多，主要原因是冰盖中的冰加速流失。这加大了沿海居民在遭遇热带气旋时的脆弱性。由于气候变化，全球冰冻圈，即地球上所有冰冻的地区，在1979—2016年间每年平均缩小约8.7万平方千米，该面积大约相当于苏必利尔湖（世界上面积最大的淡水湖）或重庆市的大小。

世界气象组织秘书长佩蒂瑞·塔拉斯称："过去七年是有记录以来最热的七年，而我们看到下一个'有记录以来的最热一年'只是时间问题。除非发明出从大气中清除碳的方法，否则海平面上升、海洋变暖和酸化将持续数百年。有些冰川损失已经达到不可逆转的地步，这将对一个已有超20亿人面临缺水危机的世界产生长远影响。"

除了明显的持续升温外，全球降水分布也在变化。大量研究证实，在气候变化的背景下，变暖的大气层在饱和前可容纳更多水汽，因此也大大提高了发生极端强降水的风险。研究表明，全球每增温1℃，全球平均降水变率也就是降水事件可能的波动或振荡范围将增加约5%。从全球尺度上看，降水变化的总体空间格局呈现出"干者越干、湿者越湿"的变化趋势。从时间上看，在天气尺度到月、季节内和年际等各个时间尺度上，降水变率均将随全球增温而增加。从空间上看，降水变率将会增加，约有2/3的陆地将面临"更湿润且波动更大"的水文状况。北半球大陆的大部分中高纬地区在20世纪降水增加了5%～10%，热带地区增加了2%～3%，而亚热带地区减少了2%～3%。

从我国的情况来看，在全球气候变暖背景下，近百年来中国地表气温呈显著上升趋势，上升速率达1.56±0.20℃/100年，明显高于全球陆地平均升温水平（1.0℃/100年）。1951—2021年，中国地表年平均气温每 10 年升高 0.26℃，2021 年中国地表平均气温达 1901 年以来的最高值。北方增温率明显大于南方，冬、春季增暖趋势大于夏、秋季。平均年降水量呈增加趋势，降水变化区域间差异明显。1961—2021 年，中国平均年降水量每 10 年增加 5.5 毫米；2012 年以来年降水量持续偏多。2021 年，中国平均降水量较常年值偏多 6.7%，其中华北地区平均降水量为 1961 年以来最多，而华南地区平均降水量为近 10 年最少。高温、强降水等极端天气气候事件趋多、趋强。1961—2021 年，中国极端强降水事件呈增多趋势；20 世纪 90 年代后期以来，极端高温事件明显增多，登陆中国台风的平均强度波动增强。2021 年，中国平均暖昼日数为 1961 年以来最多，云南元江（44.1℃）、四川富顺（41.5℃）等 62 站日最高气温突破历史极值。1961—2021 年，北方地区平均沙尘日数呈减少趋势，近年来达最低值并略有回升。

全球变暖正在影响地球上的每一个地区，其中许多变化不可逆转，可以从自然生态和人类社会两个方面分析气候变化带来的影响。

从自然生态方面来看，气候变化对水资源、海岸带、自然植被、生物多样性等方面均存在影响，还会带来一定的极端恶劣天气，造成自然灾害。

一是对水资源的影响。气候变化对河流流量及地下水回灌的影响主要取决于降水。从全球范围来看，在高纬度地区和东南亚地区，年平均径流量将增加，而中亚地区、地中海附近地区、非洲南部和大洋洲将减少。冰川对气候变化反应灵敏，大多数冰川因全球气候变暖退却加速，许多小冰川可能消失。气候变化导致我国水问题严峻，东部主要河流径流量有所减少，海河和黄河径流量减幅高达 50%以上，导致北方水资源供需矛盾加剧。冰川、冻土、积雪都相应减少，我国西北部小冰期以来气候干暖化趋势明显，冰川变化趋势表现为间断性的迭次减少。研究表明：新疆地区的气候由暖干向暖湿转型，冰川消融导致融水量增大，从而引发冰川洪水和冰川泥石流灾害。我国东北多年冻土区由于气温的显著升高和降水量的减少，植被覆盖率显著下降。

二是对海洋的影响。气候变化对海洋的影响主要包括海面温度上升、海平面上升、海冰覆盖面积减少、海洋酸化，盐度、海浪状况和洋流的变化，也包括对海洋生态系统的影响。海平面上升是全球变暖最显而易见、最危险的后果之一。20 世纪 90 年代以来，全球海洋变暖的速度翻了一倍，海平面上升速度是之前 80 年平均增速的 2 倍。海平面上升加剧了海岸侵蚀、海水（咸潮）入侵和土壤盐渍化，海平面的持续上升会使低海拔沿海地区面临较高风险，一些小岛屿国家可能变得无法居住。过去 100 年里世界海平面平均升高了 12 厘米左右，再过 100 年，海平面将上升 1 米。如果不采取有效防护措施，世界各地将近 70%的海岸带，特别是广大低平的三角洲平原将成为泽国，海水可入侵二三十到五六十千米，甚至更远。位于其上的许多世界名城，如伦敦、纽约、阿姆斯特丹、威尼斯、悉尼、东京、里约热内卢、天津、上海、广州等都将被淹没。南太平洋和印度洋中一些低平的岛国将处于半淹没状态。2001 年，太平洋岛国图瓦卢决定举国迁往新西兰，成为世界上第一个因海平面上升而计划放弃自己家园的国家。2008 年 11 月，马尔代夫计划每年动用数十亿美元的旅游收益为 38 万国民购买新家园，是继图瓦卢之后，又一个因海平面上升而计划搬迁的国家。同时，海平面上升使海水入侵强度增加，导致海岸带生态系统栖息地收缩、相关物种迁移、生物多样性和生态系统功能丧失以及河口上游海洋物种重新分布。此外，海洋能够吸收人类排放的二氧化碳总量的 1/4，二氧化碳溶解于海水中，形成碳酸，导致海水酸化。自工业革命以来，海洋的酸性增加了约 30%。1980 年以来，中国海洋升温加剧了近海营养盐结构的失衡、海水酸化和低氧区扩大，长江口和珠江口的河口区及附近海域尤为严重；海洋变暖改变了海洋的物候，并影响生物生长发育的节律，导致海洋物种组成和地理分布变异，加剧了海洋生态灾害的暴发。其中，浮游植物群落结构演变明显，东中国海赤潮、绿潮和大型水母暴发性繁殖等生态灾害频发，赤潮物种出现“多样化、有害化和小型化”的演变趋势，浮游动物物种多样性指数下降，海洋浮游生态系统稳定性指数明显下降、脆弱性指数上升。

三是对生物多样性的影响。当今的物种灭绝原因复杂，但人类活动是主要原因，其中气候变化的速度已超出许多物种的适应能力。比如，气候变化会影响海洋生态系统，碳污染会通过耗散海洋中的溶解氧导致海洋生物窒息。2015 年，美国《国家地理》报道，人类将看到溶解氧量降低所带来的后果：“西北太平洋的海水溶解氧量从 2002 年开始突然下降，导致海参、海星、海葵和珍宝蟹窒息而死。”再比如，亚马孙热带雨林是世界上最大的热带雨林，总面积达到 550 万平方千米，占世界雨林面积的一半，被称为“地球之肺”，其中生存着数百万种植物、动物、昆虫和单细胞生物，是世界上物种最为丰富的地区。研究表明，气候变化会使亚马孙热带雨林气候变为中度至重度干旱，这无疑会导致大量生物灭绝，影响生物多样性。研究还表明，当全球温度升高 0.8～1.7℃，全球将有 18％的物种灭绝；升高 1.8～2.0℃，将有 24％的物种灭绝，其中墨西哥和澳大利亚等广大区域到 2050 年将有 15％～37％的物种灭绝；当温度升高 2.0℃以上，全球将有 35％的物种灭绝。

四是会加剧极端天气事件。全球气候变暖将导致高温热浪、干旱、洪涝、台风、寒潮等极端天气事件频率增加、强度增大。2020 年，非洲和亚洲大部地区发生了暴雨和大范围洪水。暴雨和洪水影响了萨赫勒和大非洲之角大部分地区，导致沙漠蝗虫暴发。多地气温突破历史最高纪录，在西伯利亚北极的广大地区，2020 年气温较以往平均水平高出 3℃多，维尔霍扬斯克镇的气温达到创纪录的 38℃，随之而来的是长时间的大范围野火。在美国，夏末和秋季发生了有记录以来最大的火灾。

2020 年 8 月 16 日，加利福尼亚死亡谷气温达到 54.4℃，这是过去至少 80 年以来全球已知的最高温度。在加勒比地区，2020 年 4 月和 9 月发生了大型热浪事件。2020 年，北大西洋飓风季共生成 30 个命名风暴，是有记录以来生成命名风暴数量最多的一年。自 2021 年 7 月开始，欧洲多地持续暴雨引发洪涝灾害，冲毁大量房屋和道路。在德国受灾最严重的西部地区，24 小时降水量相当于以往年份两个月的平均降水量，造成百年一遇的洪水灾害。再比如，2021 年 7 月，我国河南出现持续性强降水天气，多地遭受暴雨、大暴雨甚至特大暴雨侵袭。其中，郑州 1 小时降水量达 201.9 毫米，超过了我国（不含港澳台）有气象记录以来小时雨强的极值。极端天气气候灾害对我国所造成的直接经济损失由 2000 年之前的平均每年 1 208 亿元增加到 2000 年之后的平均每年 2 908 亿元，增加了约 141%。

从人类社会方面来看，温度升高、海平面上升、极端气候事件频发给人类生存和发展带来严峻挑战，对全球粮食、水、生态、能源、基础设施以及民众生命财产安全构成长期重大威胁。农业对气候变化可谓最敏感。二氧化碳浓度增加在一定程度上可以刺激作物生长和提高产量，但全球气候变暖带来的强降水、洪水、干旱和高温等极端天气，会给农业生产带来巨大损失。与此同时，海平面上升导致海水侵蚀日益严峻，严重威胁到世界上最富饶的农业区，例如尼罗河三角洲和恒河三角洲。此外，海洋酸化、海水温度升高、海洋渔业的过度捕捞，以及海水溶解氧减少共同导致了海产品供应量大幅降低。我国是农业大国，气候变化将使我国未来农业生产面临以下三个突出问题：一是农业生产的不稳定性增加，产量波动大；二是农业生产布局和结构将出现变动；三是农业生产条件改变，农业成本和投资大幅度增加。

同时，气候变化将对人类健康产生广泛的直接和间接影响。这些影响包括更持久、更强烈的热浪导致死亡率增加，气温升高引起城市雾霾导致的健康问题，营养不足及水源疾病增加的风险。联合国政府间气候变化专门委员会在其2014年的第五次评估报告《气候变化2014影响、适应和脆弱性》中指出，气候变化将从以下几个方面威胁人类健康：一是改变传染病和虫媒传播疾病的传播模式，而且热浪也将导致死亡人数增加；二是食源和水源安全性降低，导致营养不良以及腹泻疾病；三是更频发、更猛烈的极端天气事件（飓风、气旋、风暴潮等），导致洪水和直接伤害；四是城市贫民区、收容所以及相对贫困的居民区的人口脆弱性增加；五是增加大规模人口迁移和内战的可能性。发表在英国《柳叶刀·星球健康》杂志上的一项国际研究文章指出，全球每年有超过500万人的死亡与气候变化导致的异常寒冷或炎热天气有关。全球每年有9.4%的死亡可归因于“非适宜”的温度。该文的作者预计，随着全球变暖的加剧，这一情况可能进一步恶化。

此外，一系列研究表明，全球变暖在21世纪内会给劳动生产率带来巨大的负面影响，其损失或超出其他气候变化影响的总和。2013年，美国国家海洋大气局发表了名为《气候变暖带来的热应激导致生产力降低》的研究文章，该研究指出“至2050年，气候变暖会导致与热应激相关的劳动生产力损失翻倍”。如果保持当前的温室气体排放水平，那么至21世纪末，人类的劳动生产力在高峰月份（夏季）或会降低50%。

当前，应对气候变化已经从生态安全问题发展成一个涉及各国生存权、发展权的国际安全问题。比如，气候变化加剧了区域稀缺性水资源和土地资源争夺，这些资源已成为造成达尔富尔、中非共和国、肯尼亚北部和乍得等局部冲突的重要因素。再如，2007—2008年的全球粮食危机，导致全球多个国家发生骚乱，甚至一些国家政局发生更替。触发此次危机的主要气候因素是澳大利亚发生的连续干旱事件。澳大利亚是世界小麦市场的主要供应商，2006年澳大利亚发生了被称为“千年大旱”的旱灾，之后又多次发生旱灾，导致小麦连续减产。由于全球粮食库存不足，全球排名前 17 位的小麦出口国中有 6 个国家、排名前 9 位的大米出口国中有 4 个国家都采取了不同程度的贸易限制。由此全球粮食供应大幅度减少，从而推动粮食价格飙升，最终导致一些高度依赖粮食进口的国家受到极大的冲击。特别是近年来受冲突、极端天气事件和经济冲击的复合影响，加上新冠肺炎疫情的影响，全球粮食安全面临巨大危机。《2021 年世界粮食安全和营养状况》公布的最新数据显示，在 2020 年营养不良的总人口中，一半以上生活在亚洲（4.18 亿人），1/3 生活在非洲（2.82 亿人）。联合国大会主席沙希德表示，“我们正在输掉控制气候变化的战斗，而且还无法阻止环境退化”，“我们拥有资源、技能和技术，我们拥有告诉我们应对气候变化必要性的科学：我们缺乏的是政治意愿”。全球各国已经越来越意识到应对气候变化是全球性议题，是全球各国的共同责任。

二、“双碳”目标的提出

（一）人类活动是全球变暖的主要原因

造成气候变化的原因可分为自然原因和人类活动原因，前者包括太阳辐射的变化、火山爆发等，后者包括人类燃烧化石燃料、毁林引起的大气中温室气体浓度的增加、硫化物气溶胶浓度的变化、陆面覆盖和土地利用的变化等。

人们对人类活动对气候变化影响的认识经历了一个从科学认知到政治共识的漫长过程。早在 100 多年前，科学家们就开始认识到人为活动导致气候变化的可能性。19 世纪中叶，爱尔兰科学家廷德尔等人发现，改变大气中二氧化碳的浓度可以改变大气层温室效应的强弱，进而导致地球表面温度的变化。1896 年瑞典科学家阿伦纽斯发表题为《空气中碳酸对地面温度的影响》的论文，首次对大气中二氧化碳浓度对地表温度的影响进行量化，模拟计算结果显示大气中二氧化碳浓度加倍会引起全球温升5～6℃。但是，科学家们的发现并没有引起国际社会的关注。20世纪60年代之后，得益于现代计算机技术的飞速发展，大规模计算成为可能，基于计算机模型进行理论模拟和验证后，气候变化科学才真正发展成一门成熟的学科。1979年，第一次世界气候大会在瑞士日内瓦召开，与会科学家明确提出，大气中二氧化碳浓度增加将导致地球升温。这标志着气候变化的科学性得到认可，开始受到国际社会关注并提上议事日程。1988年，世界气象组织和联合国环境署成立了政府间气候变化专门委员会，研究气候变化问题的成因、影响和应对措施。政府间气候变化专门委员会历经2年多的研究，于1990年发布了第一次评估报告，其基本结论是人类工业化以来，大量燃烧化石能源排放各种温室气体（包括二氧化碳、甲烷、氧化亚氮、氢氟碳化物、全氟化碳和六氟化硫），造成了地球大气层中温室气体浓度的增加，是工业化以来地球大气温度不断升高的主要原因，如果这种趋势不加以扭转，将会对人类赖以生存的地球生态系统造成不可挽回的损失。此后，政府间气候变化专门委员会先后发布了六次评估报告，使人类对气候变化的认识不断提高。

众多的科学理论和模拟实验均验证了温室效应理论的正确性。一系列的科学研究表明，只有考虑人类活动作用才能模拟再现近百年来全球变暖的趋势，只有考虑人类活动对气候系统变化的影响才能解释大气、海洋、冰冻圈以及极端天气气候事件等方面的变化。政府间气候变化专门委员会2021年发布的第六次气候变化评估报告进一步确认了全球气候变暖的幅度与二氧化碳累积排放量之间的关系，指出人类活动每排放1万亿吨二氧化碳，全球地表平均气温将上升0.27～0.63℃。更多的观测和研究还表明，人类活动导致的温室气体排放也是全球极端温度事件变化的主要原因，还可能是全球范围内陆地强降水加剧的主要原因。研究还揭示出人类活动对极端降水、干旱、热带气旋等极端事件存在影响。此外，在区域尺度上，土地利用和土地覆盖变化或气溶胶浓度变化等人类活动也会影响极端温度事件的变化，城市化则可能加剧城市地区的升温幅度。

（二）碳达峰、碳中和是全球应对气候变化的政治共识

人类应对气候变化的途径主要有适应和减缓两类。适应是指改变个人和社会的行为，以此避免或最大化减少气候相关影响和风险。减缓是指通过经济、技术、生物等各种政策、措施和手段，控制温室气体的排放，增加温室气体碳汇。相比于适应需要投入大量时间、资金成本用于开发新品种、构建新制度等，并且真正见到成效需要很长的周期，减缓显然更加经济有效，也是世界各国的主要应对措施。

在温室气体中，二氧化碳约占 75%，是导致全球变暖最主要的物质。大自然吸收二氧化碳的空间有限，全球人为排放的二氧化碳一部分留在大气中，另一部分则被海洋和陆地自然吸收，其中 1850—2019 年人类活动累积排放的二氧化碳中约 59%被自然吸收，剩余的大部分滞留在大气中，加剧了温室效应。根据世界气象组织 2020 年 11 月发布的最新《温室气体公报》，自 1990 年以来，长期存在的温室气体的总辐射强迫（对气候变暖的影响）增加了 45%，其中二氧化碳占 4/5。因此，解决气候变化的关键是减少温室气体排放特别是碳排放，实现低碳发展。由此也衍生出碳达峰、碳中和两个概念。碳达峰是指在某一个时点，二氧化碳的排放不再增长达到峰值，之后逐步回落。碳达峰是二氧化碳排放量由增转降的历史拐点，标志着碳排放与经济发展实现脱钩，达峰目标包括达峰年份和峰值。碳中和是指企业、团体或个人测算在一定时间内直接或间接产生的温室气体排放总量，通过植树造林、节能减排等形式，以抵消自身产生的二氧化碳排放量，实现二氧化碳“零排

放”。碳达峰是减少碳排放的阶段性目标，碳中和则是终极目标。

围绕应对气候变化、减少碳排放，国际社会进行了艰难的气候谈判。1992年，在巴西里约热内卢召开的第二届全球环境与发展大会，达成了《联合国气候变化框架公约》，确立了共同但有区别的责任原则、公平原则和各自能力原则，即应对气候变化是全球共同的责任，世界各国应依据其发展历史、发展水平和各自能力担负起相应的责任。在大会上共有154个国家签署了《联合国气候变化框架公约》，1994年《联合国气候变化框架公约》正式生效。《联合国气候变化框架公约》约定，缔约各方每年召开一次缔约方大会讨论应对气候变化问题。截至2021年，《联合国气候变化框架公约》缔约方大会一共举办了26次，原定于2020年举行的第二十六次缔约方大会因新冠肺炎疫情推迟到2021年11月在英国格拉斯哥市举行。

1997年《联合国气候变化框架公约》第三次缔约方大会在日本京都召开，世界各国根据政府间气候变化专门委员会第一、二次评估报告形成的科学认知，按照《联合国气候变化框架公约》确立的共同但有区别和各自能力的原则，就温室气体减排达成了《京都议定书》，规定发达国家2020年要在1990年的基础上减排20%，2050年要在1990年的基础上减排80%～85%；发展中国家则在得到发达国家资金和技术援助的前提下，在不影响自身可持续发展的情况下实行自愿减排，将地球的温升控制在与工业化初期相比不超过2℃。但由于美国拒绝签署，《京都议定书》的“不少于55个《联合国气候变化框架公约》缔约方、至少有占工业化国家1990年二氧化碳排放量55%的发达国家批准”的生效条件一直没有满足，直到2004年俄罗斯批准后，《京都议定书》才于2005年正式生效。2007年，政府间气候变化专门委员会发布第四次评估报告，把“人类活动造成气候变化”的可能性从以前的“可能”“很可能”变成了“几乎可以肯定”，基于此，《联合国气候变化框架公约》缔约方经过谈判达成了巴厘路线图。

然而，2010 年《京都议定书》生效 5 周年时，相较于 1990 年，全球的温室气体排放不仅没有下降，反而出现大幅增长，其中，二氧化碳排放量由 1990 年的 200 亿吨左右增加到 2010 年的 310 亿吨，增加了 1/3 以上，大气中温室气体的浓度也超过科学界认定的温室气体和二氧化碳的浓度阈值，两者分别超过了 450ppm 和 410ppm。2014 年，政府间气候变化专门委员会发布第五次评估报告，认为单纯的减排措施已经无法满足全球应对气候变化的要求，碳中和成为应对气候变化的新目标。世界各国经过多次磋商，希望在法国巴黎举办的《联合国气候变化框架公约》第 21 次缔约方大会上，就碳中和问题达成一项协议。

2015 年底，《联合国气候变化框架公约》第 21 次缔约方大会在法国巴黎举行，达成了《巴黎协定》。《巴黎协定》最重要的贡献在于，提出了到 21 世纪末，与工业化初期相比，将大气温升控制在 2℃，并为控制在 1.5℃而努力的政治目标，尽快达到碳排放峰值即碳达峰，并在 21 世纪下半叶实现净零碳排放，即实现碳中和。并要求世界各国在 2016 年提交面向实现这一目标 2030 年的国家自主贡献，并在 2020 年对其更新，2020 年同时还要提交国家面向 21 世纪中叶的低排放发展战略，以适应全球本世纪下半叶实现碳中和的战略要求。

1992 年全球达成的《联合国气候变化框架公约》、1997 年达成的《京都议定书》和 2015 年达成的《巴黎协定》都是全球应对气候变化的具有一定法律约束力的文件。这三个文件是人类对气候变化的问题从科学认知到政治共识，再到具体行动不断深化的体现。随着全球对积极应对气候变化、实现温室气体排放源和碳汇的平衡达成共识，越来越多的国家走上了低碳排放之路。截至 2021 年，全球已有 191 个国家、10 000 多个城市、5 000 多家企业加入联合国发起的“联合国气候雄心联盟：净零 2050”运动，成为全球碳中和的先行者。

一直以来，中国是全球应对气候变化事业的积极参与者。2015 年 6 月 30 日，中国政府向《联合国气候变化框架公约》秘书处提交了国家自主贡献文件，确定了到 2030 年的自主行动目标：二氧化碳排放 2030 年左右达到峰值并争取尽早达峰；单位国内生产总值二氧化碳排放比 2005 年下降 60%～65%，非化石能源占一次能源消费比重达到 20%左右，森林蓄积量比 2005 年增加 45 亿立方米左右。在 2015 年底的第 21 届缔约方大会上，中国国家主席习近平做了题为“携手构建合作共赢、公平合理的气候变化治理机制”的主旨演讲，强调巴黎大会要达成一个全面、均衡、有力度、有约束力的应对气候变化协议，提出公平、合理、有效的全球应对气候变化解决方案，探索人类可持续的发展路径和治理模式，并指出中国一直是全球应对气候变化事业的积极参与者，大力推进生态文明建设，推动绿色循环低碳发展，中国有信心和决心实现“国家自主贡献”的承诺。2016 年 9 月 3 日，中国全国人大常委会批准中国加入《巴黎气候变化协定》。2016 年 11 月 4 日，欧洲议会全会以压倒性多数票通过了欧盟批准《巴黎协定》的决议，《巴黎协定》正式生效。

2020 年 9 月 22 日，习近平主席在第七十五届联合国大会一般性辩论时宣布中国将提高国家自主贡献力度，采取更加有力的政策和措施，二氧化碳排放力争于 2030 年前达到峰值，努力争取 2060 年前实现碳中和。2020 年 9 月 30 日，在联合国生物多样性峰会上，习近平主席指出，作为世界上最大的发展中国家，愿承担与中国发展水平相称的国际责任，为全球环境治理贡献力量，中国将秉持人类命运共同体理念，继续做出艰苦卓绝努力，提高国家自主贡献力度，采取更加有力的政策和措施，二氧化碳排放力争于 2030 年前达到峰值，努力争取 2060 年前实现碳中和，为实现应对气候变化《巴黎协定》确定的目标做出更大努力和贡献。2020 年 12 月 12 日，习近平主席在气候雄心峰会上进一步宣布中国将提高国家自主贡献力度：到2030年，中国单位国内生产总值二氧化碳排放将比2005年下降65%以上，非化石能源占一次能源消费比重将达到25%左右，森林蓄积量将比2005年增加60亿立方米，风电、太阳能发电总装机容量将达到12亿千瓦以上。2021年9月21日，在第七十六届联合国大会一般性辩论上，习近平主席再次向世界宣布，“中国将大力支持发展中国家能源绿色低碳发展，不再新建境外煤电项目”。这不仅体现了中国负责任大国的担当，更是再次表明了中国将坚持多边主义，与世界各国特别是广大的发展中国家一道，积极应对气候变化，推动全球绿色发展，共同构建人类命运共同体的坚定决心。

三、中国实现碳达峰、碳中和目标的前景分析

（一）推进碳达峰、碳中和是实现中华民族永续发展的必然选择

应对气候变化是一个涉及全球道义和各国利益的国际政治问题。虽然发达国家在实现工业化的过程中排放的温室气体是造成当前气候变化的主要原因，但中国作为负责任的国家，积极推动共建公平合理、合作共赢的全球气候治理体系，为应对气候变化贡献中国智慧、中国力量。比如，2021年《中国应对气候变化的政策与行动》白皮书的数据显示，2020年碳排放强度比2005年下降了48.4%，提前超额完成自愿减排目标，为全球控制温室气体排放做出了重要贡献。中国还承诺大力支持发展中国家能源绿色低碳发展，不再新建境外煤电项目。

实现碳达峰、碳中和既是中国推动构建人类命运共同体的庄严承诺，也是中国深思熟虑做出的重大战略决策，是中国着力解决资源环境约束突出问题、实现中华民族永续发展的必然选择。习近平总书记多次强调，应对气候变化不是别人要我们做，而是我们自己要做，是我国可持续发展的内在要求。如何理解“我们自己要做”？至少有以下五方面

理由：第一，有利于推动经济结构绿色转型，加快形成绿色生产方式和生活方式，助推高质量发展。第二，有利于推动污染源头治理，实现降碳与污染物减排，改善生态环境质量协同增效。第三，有利于促进生物多样性保护，提升生态系统服务功能。第四，有利于减缓气候变化带来的不利影响，减少对经济社会造成的损失。第五，有利于减少对化石能源进口的过度依赖，防范在能源安全领域出现“卡脖子”问题。因此，实现碳达峰、碳中和对现阶段的中国来讲，至少是“一举五得”的大事，是我国高质量发展、可持续发展的内在要求，是我国一场广泛而深刻的经济社会系统性变革。

（二）实现碳达峰、碳中和是一场硬仗

作为全球最大的发展中国家，中国要如期实现碳达峰、碳中和目标，可谓“压力山大”。习近平总书记多次指出，实现碳达峰、碳中和，中国需要付出极其艰巨的努力。2021 年 3 月 15 日，习近平总书记在中央财经委员会第九次会议上强调，实现碳达峰、碳中和是一场硬仗，也是对我们党治国理政能力的一场大考。当前，我国实现碳达峰、碳中和，面临以下严峻挑战：

一是从减排总量和时间期限看，我国当前碳排放总量巨大，约占全球的 28%，是美国的 2 倍多、欧盟的 3 倍多，实现碳中和所需的碳减排量远高于其他经济体。而且，主要发达经济体均已实现碳达峰，英、法、德早在 20 世纪 70 年代实现碳达峰，美、日分别于 2007 年、2013 年实现碳达峰，且都是随着发展阶段演进和高碳产业转移实现“自然达峰”，碳达峰时间与其承诺的碳中和时间间隔长达 50～60 年，而我国碳达峰、碳中和目标是我国的主动决定，双碳目标时间间隔仅有 30 年，这是迄今为止全球最高的碳排放强度降幅，从碳达峰到碳中和的最短时间间隔，难度可想而知。

二是从发展阶段看，欧美各国经济发展成熟，已实现经济发展与碳排放的脱钩，碳排放进入稳定下降通道。比如，至2019年底，欧盟二氧化碳排放与1990年相比减少23%，提前并超额完成了《京都议定书》的任务要求。再如，尽管2017年美国特朗普政府宣布退出《巴黎协定》，消极应对气候变化，但实际上，受新冠肺炎疫情等影响，2020年美国碳排放量大幅下降11%，比2005年减排23.8%，特朗普宣称支持的煤炭，其消费占比更是从2005年的23.6%下降到11.9%，减少了11.7个百分点，燃煤发电量从2.18万亿千瓦时降低到1.05万亿千瓦时，减少了50%以上。而我国GDP总量虽跃居全球第二位，但仍处于社会主义初级阶段，发展不平衡、不充分的问题仍然比较突出，必须保持一定的经济增速，才能实现各项发展目标，未来我国能源消费总量仍会保持一定程度的持续增长。既要控排放、又要保增长，给碳达峰、碳中和目标的实现带来巨大挑战。

三是从能源结构看，我国高碳化石能源占比过高，能源利用效率偏低、能耗偏高，这些都对目标的实现造成阻碍。我国二氧化碳排放绝大部分是煤炭、石油、天然气这三种化石能源燃烧产生的。2020年，煤炭大约排放二氧化碳73.5亿吨，石油排放二氧化碳约15.4亿吨，天然气排放二氧化碳约6亿吨，三者共约95亿吨，约占2020年我国二氧化碳排放量98.9亿吨的96%。2020年我国煤炭消费占能源消费总量的比重为56.7%，非化石能源占16.4%，能源系统要在短短30年内快速淘汰占83.6%的化石能源实现零碳排放，这不是简单的节能减排就能实现的转型，而是一场真正的能源革命。

（三）我国完全有能力实现峰值较低的碳达峰

当然，我国提出“双碳”目标并不是无的放矢，虽然任务艰巨，但通过努力完全有能力实现峰值较低的碳达峰。其原因有以下五点：

一是我国碳排放强度已经显著下降。为了控制能源消费过快增长，我国从“十一五”时期开始就实施了“能源双控”，即单位GDP能源强度控制和能源消费总量控制，并作为一条红线纳入对各地的考核中，使我国能源消费过快增长的势头得到了有效控制。2013 年以后，我国的煤炭消费已经出现了零增长，大部分地区二氧化碳排放出现缓慢增长的势头，50%以上的省（区、市）二氧化碳排放年均增长率低于 1%。“十三五”时期我国碳排放强度比 2015 年下降 18.8%，超额完成“十三五”约束性目标，比 2005 年下降 48.4%，超额完成了我国向国际社会承诺的到 2020 年下降 40%～45%的目标，累计少排放二氧化碳约 58 亿吨，基本扭转了二氧化碳排放快速增长的局面。“十五”、“十一五”、“十二五”和“十三五”期间，我国年均二氧化碳排放量的增速不断放缓，分别是 12.7%、6.1%、2.4%和 1.7%。按照这一趋势，“十四五”期间我国二氧化碳排放的增速可以控制在 1%，并在期末实现零增长。

二是非化石能源快速发展。“十三五”时期，我国非化石能源占能源消费总量比重提高到 15.9%，比 2005 年大幅提升了 8.5 个百分点；非化石能源发电装机总规模达到 9.8 亿千瓦，占总装机的比重达到 44.7%；非化石能源发电量达到 2.6 万亿千瓦时，占全社会用电量的比重超过 1/3。

三是能耗强度显著降低。我国是全球能耗强度降低最快的国家之一，2011—2020 年能耗强度累计下降 28.7%。“十三五”期间，我国以年均 2.8%的能源消费量增长支撑了年均 5.7%的经济增长，节约能源占同时期全球节能量的一半左右。2021 年，我国单位 GDP 能耗、二氧化碳排放量同比分别降低 2.7%、3.8%。

四是能源消费结构向清洁低碳加速转化。为应对化石能源燃烧所带来的环境污染和气候变化问题，我国严控煤炭消费，煤炭消费占比持续明显下降。2020 年中国能源消费总量控制在 50 亿吨标准煤以内，煤炭占能源消费总量比重由 2005 年的 72.4%下降至 2020 年的 56.8%。

五是我国生态系统碳汇能力明显提高。我国坚持多措并举，有效发挥森林、草原、湿地、海洋、土壤、冻土等的固碳作用，持续巩固提升生态系统碳汇能力。我国是全球森林资源增长最多和人工造林面积最大的国家，是全球“增绿”的主力军。2010—2020 年，我国实施退耕还林还草约 720 万公顷。“十三五”期间，累计完成造林 3 633.33 万公顷、森林抚育 4 246.67 万公顷。2020 年底，全国森林面积 22 000 万公顷，全国森林覆盖率达到 23.04%，草原综合植被盖度达到 56.1%，湿地保护率达到 50%以上，森林植被碳储备量 91.86 亿吨。“十三五”期间，我国累计完成防沙治沙任务 1 097.8 万公顷，完成石漠化治理面积 165 万公顷，新增水土流失综合治理面积 31 万平方公里，塞罕坝、库布齐等创造了一个个“荒漠变绿洲”的绿色传奇；修复退化湿地 46.74 万公顷，新增湿地面积 20.26 万公顷。截至 2020 年底，中国建立了国家级自然保护区 474 处，面积超过国土面积的 1/10，累计建成高标准农田 8 亿亩，整治修复岸线 1 200 公里、滨海湿地 2.3 万公顷。2021 年，全国森林覆盖率达到 24.02%，森林蓄积量达到 194.93 亿立方米，草原综合植被盖度达到 50.32%，湿地保护率达到 52.65%，已成为全球森林资源增长最多的国家，生态系统碳汇功能得到有效保护。

四、坚决防止和纠正运动式“减碳”

如何打赢碳达峰、碳中和这场硬仗？首先，应当把握住“高歌稳进”的总基调。所谓“高歌”，就是在降碳这个问题上，我国在国际上的调门要高，要积极向国际社会展示中国贡献、中国智慧和中国方案，占据道义制高点，构建于我有利的国际“碳话语”体系，坚决维护我国发展权益。所谓“稳进”，就是在具体推进实现“双碳”目标上一定要稳，不能冒进，特别是不能搞运动式“减碳”。搞运动式推进，是一些政府部门非常容易犯的错误。2020 年底中央提出碳达峰、碳中和任务后，全国各地积极响应，大力谋划推进，一些地方就表现出运动式“减碳”迹象。主要有以下倾向：

一是目标设定过高，脱离目前发展阶段，相互攀比碳达峰、碳中和提前实现的时间。中央宣布2030年前实现碳达峰之后，有的地方就提出2025年碳达峰。有的地方还没协调好能源安全与经济发展之间的关系，就片面强调打造零碳社区、大搞零碳计划。有的行业对于降碳工作还没研究透，就宣布提前达峰的时间。实现碳达峰、碳中和是一项复杂、长期和系统性的工程，需要科学确定目标任务。相互攀比提前达峰必然导致时间节点层层提前、工作任务层层加码，使碳达峰、碳中和走调变形。这既是对国家政策和目标的误解，也是对地方经济社会发展和生态环境保护工作的不负责。

二是为“冲高峰”，违规给“两高”项目开“绿灯”。有的地方认为，既然中央宣布2030年前实现碳达峰，那就意味着各地还有近10年的碳排放增长期，就产生了“冲高峰”的想法，设法建设一批高能耗、高排放的“两高”项目，多争取一些碳排放指标，由此为地方绿色低碳转型留下更多空间。由于“两高”项目的申请和审批时间周期长，一些地方甚至大搞未批先建。

三是“急刹车”，即采取过严措施管控区域和行业能源消耗和碳排放。2021年上半年，有的地方为了降低能源消费总量和能耗强度，对铁合金、钢铁、水利等传统产业采取了限制生产线或者限电的应急管控措施。有的地方为了节省能源消费总量指标，限制原料煤和焦炭的外运，既影响了地方经济，也影响了下游产业的发展。有的地方完全停止煤电项目的上马，只想着让风能、太阳能等新能源大干快上，忽视了电网系统有限的调峰能力，导致“弃风”“弃光”等问题加剧。有的流域以发展清洁能源为名，不加限制地低水平建设“小水电”，对生物多样性保护造成不利影响。

四是不作为，坐等上级碳达峰、碳中和的行动部署。碳达峰、碳中和对很多人来讲是新名词。有的地方对碳达峰、碳中和的中央决策仍不够了解，既不组织学习，也不集体研究，对碳达峰、碳中和工作缺乏必要的思想准备和工作基础。这样一来，一旦上级政府的方案出台，开始全面部署和考核，必然导致运动式推进的现象，而这很可能危及当地绿色发展的基础和就业率。

这些现象与碳达峰、碳中和工作的初衷和要求背道而驰，必须坚决予以纠正。所幸中央及时关注到这个问题，进行了纠正，推动碳达峰、碳中和工作步入正轨。2021年7月30日，中央政治局会议指出，要统筹有序做好碳达峰、碳中和工作，尽快出台2030年前碳达峰行动方案，坚持全国一盘棋，纠正运动式“减碳”，先立后破，坚决遏制“两高”项目盲目发展。所谓先立后破，是指先把减碳的各项准备工作提前做好，在确保经济平稳运行的基础上，有计划、有步骤地进行减碳，保证经济发展不受减碳影响冲击。党的二十大报告对如何积极稳妥推进碳达峰、碳中和进行了部署，再次强调要立足我国能源资源禀赋，坚持先立后破，有计划分步骤实施碳达峰行动。坚持先立后破，重点应做到以下几点：

一是坚持全国一盘棋，各地不能自行其是。碳达峰、碳中和并不是说每一个地方都同一时间实现碳达峰、碳中和，必须坚持系统观念，处理好发展和减排、整体和局部、短期和中长期的关系，在全国层面予以统筹。每个地方的产业定位和区域功能定位是有差异的，都实现碳中和既不可能，也不现实。因此应在中央和地方的分级统筹之下统一部署碳达峰、碳中和工作。

二是严控“两高”项目增量，坚决遏制“两高”项目盲目发展。盲目上马“两高”项目不仅浪费资金、侵占土地、浪费能源、破坏生态，还将损害国家、区域和行业可持续发展的基础和能力。当然也不能搞

“一刀切”，要对“两高”项目实行清单管理、分类处置、动态监控。全面排查在建项目，对能效水平低于本行业能耗限额准入值的，按有关规定停工整改，推动能效水平应提尽提，力争全面达到国内乃至国际先进水平。要对拟建项目进行科学评估，对产能已饱和的行业，按照“减量替代”原则压减产能；对产能尚未饱和的行业，按照国家布局和审批备案等要求，对标国际先进水平提高准入门槛；对能耗量较大的新兴产业，支持引导企业应用绿色低碳技术，提高能效水平。同时，强化常态化监管，坚决拿下不符合要求的“两高”项目。

三是尊重客观规律，立足自身实际，循序渐进地推进。经济发展、生态保护和低碳发展都有其自身规律，碳达峰、碳中和工作部署应实事求是，立足各地、各行业的基础和能力，部署过急、过严或过慢、过宽都会损害经济和社会可持续发展的基础和能力。各地应当准确把握自身发展定位，结合本地区经济社会发展实际和资源环境禀赋，坚持分类施策、因地制宜、上下联动，梯次有序推进碳达峰。要坚持全国一盘棋，不抢跑，科学制定本地区碳达峰行动方案，提出符合实际、切实可行的碳达峰目标、措施等，避免“一刀切”限电限产或运动式“减碳”。

为更好地推动实现“双碳”目标，2021 年以来，我国先后发布了《中共中央　国务院关于完整准确全面贯彻新发展理念做好碳达峰碳中和工作的意见》和《2030 年前碳达峰行动方案》（以下简称《行动方案》），为实现“双碳”目标做出顶层设计，明确了碳达峰、碳中和工作的时间表、路线图、施工图。此后，能源、工业、城乡建设、交通运输、农业农村等重点领域实施方案，煤炭、石油、天然气、钢铁、有色金属、石化化工、建材等重点行业实施方案，科技支撑、财政支持、统计核算、人才培养等支撑保障方案，以及除港澳台之外的 31 个省（区、市）碳达峰实施方案均已制定。这一系列政策文件构建起目标明确、分工合理、措施有力、衔接有序的碳达峰、碳中和“1＋N”政策体系，形成各方面共同推进的良好格局，为实现“双碳”目标提供了源源不断的工作动能。

五、积极推动绿色低碳转型发展，努力实现碳达峰目标

《行动方案》明确提出，“十四五”期间，产业结构和能源结构调整优化取得明显进展，重点行业能源利用效率大幅提升，煤炭消费增长得到严格控制，新型电力系统加快构建，绿色低碳技术研发和推广应用取得新进展，绿色生产生活方式得到普遍推行，有利于绿色低碳循环发展的政策体系进一步完善。到2025年，非化石能源消费比重达到20%左右，单位国内生产总值能源消耗比2020年下降13.5%，单位国内生产总值二氧化碳排放比2020年下降18%，为实现碳达峰奠定坚实基础。“十五五”期间，产业结构调整取得重大进展，清洁低碳安全高效的能源体系初步建立，重点领域低碳发展模式基本形成，重点耗能行业能源利用效率达到国际先进水平，非化石能源消费比重进一步提高，煤炭消费逐步减少，绿色低碳技术取得关键突破，绿色生活方式成为公众自觉选择，绿色低碳循环发展政策体系基本健全。到2030年，非化石能源消费比重达到25%左右，单位国内生产总值二氧化碳排放比2005年下降65%以上，顺利实现2030年前碳达峰目标。要实现这个目标，必须付出极其艰巨的努力。

（一）构建清洁低碳、安全高效的能源体系

温室气体排放的主要来源是化石能源燃烧，因此实现碳达峰、碳中和的关键是能源系统的变革。我国近90%的碳排放来自能源领域，发展绿色能源供应体系刻不容缓。

一是着力推动煤炭消费替代和转型升级。我国是世界最大的煤炭生产国和消费国。2019年，我国煤炭产量占全球总产量的比重超过47%，

而煤炭消费量在全球的占比更是高达52%。由于煤炭单位热值的二氧化碳排放量分别是石油和天然气的1.5倍和2倍，在优化能源结构方面减少煤炭消费是世界各国的首选。对此，《行动方案》提出加快煤炭减量步伐，“十四五”时期严格合理控制煤炭消费增长，“十五五”时期逐步减少。严格控制新增煤电项目，新建机组煤耗标准达到国际先进水平，有序淘汰煤电落后产能，加快现役机组节能升级和灵活性改造，积极推进供热改造，推动煤电向基础保障性和系统调节性电源并重转型；大力推动煤炭清洁利用，合理划定禁止散烧区域，多措并举、积极有序推进散煤替代，逐步减少直至禁止煤炭散烧。值得注意的是，煤炭是我国能源安全的稳定器和压舱石，对经济发展具有重要的支撑作用。在碳达峰、碳中和目标下，煤电不仅要继续做好大电网稳定运行的基石，而且要积极参与电网调峰、调频、备用。在煤炭产业链转型过程中，还需要安置好百万级的煤炭行业的冗余劳动力。因此，在推进煤炭消费替代和转型升级的过程中要处理好转型与安全的辩证关系。

二是大力发展新能源。可再生能源替代化石能源对于能源系统转型具有举足轻重的作用。“十三五”期间，我国新能源装机年均增长约6 000万千瓦，增速为32%，是全球增长最快的国家。至2021年底，我国新能源发电装机规模约7亿千瓦，风电、光伏发电的装机容量分别达到3.28亿千瓦、3.06亿千瓦，稳居世界第一。风电和太阳能年发电量达到9 785亿千瓦时，占全社会用电量的比重首次突破10%，达到11.7%。

虽然实现了快速增长，但距习近平主席在2020年12月气候雄心峰会上提出的到2030年风电、太阳能发电总装机容量将达到12亿千瓦以上的目标，还差5亿千瓦。碳达峰目标意味着在今后较长时间，我国电力清洁化必须提速，以风电和光伏发电为主的新能源将迎来加速发展。对此，《行动方案》提出，全面推进风电、太阳能发电大规模开发和高质量发展，坚持集中式与分布式并举，加快建设风电和光伏发电基地。加快智能光伏产业创新升级和特色应用，创新“光伏＋”模式，推进光伏发电多元布局。坚持陆海并重，推动风电协调快速发展，完善海上风电产业链，鼓励建设海上风电基地。积极发展太阳能光热发电，推动建立光热发电与光伏发电、风电互补调节的风光热综合可再生能源发电基地。因地制宜发展生物质发电、生物质能清洁供暖和生物天然气。探索深化地热能以及波浪能、潮流能、温差能等海洋新能源的开发利用。进一步完善可再生能源电力消纳保障机制。到2030年，风电、太阳能发电总装机容量达到12亿千瓦以上。

可再生能源快速发展在促进能源转型的同时也带来电网稳定性方面的隐忧。如果储能技术能有突破性发展，成本大幅度下降，经济上具有竞争力，且大规模应用，可促进能源、电力、物质间双向转换，使电气化与经济社会深度融合。有的专家认为储能发展直接决定了能源电力低碳转型的广度、深度、进度甚至成败。因此，快速发展新能源的同时，要加快提升储能技术。

三是积极安全有序发展核电。历经30多年的发展，我国已成为核电大国，已拥有“华龙一号”和“国和一号”第三代核电技术，大型先进压水堆及高温气冷堆研发持续推进，陆上商用模块化小堆开工建设，钠冷快堆、熔盐堆、聚变堆等先进核能系统的关键技术研发获得新突破。截至2022年6月底，我国在运核电机组54台，总装机容量为5 578万千瓦，位列全球第三；在建及核准核电机组23台，继续保持世界第一；在运在建核电机组数总体全球第二，形成了包括核电装备制造、核电站设计建设、核电站运营、核燃料供应及核废料处理等上下游环节组成的完整的核电产业链。安全是核电发展最关键的因素，一次核电事故足以毁掉整个核电产业。迄今为止，我国在运核电机组总体安全状况良好，未发生国际核事件分级2级及以上的事件或事故。坚定核电安全发展战略，对我国构建安全高效能源体系、应对全球气候变化挑战、保障可持续发展、加快科技创新、保障和提升国家总体安全具有重大的战略意义。因此，要合理确定核电站布局和开发时序，在确保安全的前提下有序发展核电，保持平稳建设节奏；实行最严格的安全标准和最严格的监管，持续提升核安全监管能力。

四是合理调控油气消费。天然气虽然比煤炭、石油更低碳，但仍是一种有碳能源。2010 年以来，全球通过天然气替代煤炭量计减少了 5 亿吨二氧化碳，在推动能源转型中发挥了关键作用，是能源转型进程中有益的过渡能源。2021 年，我国天然气消费量占一次能源消费总量比重达 8.9%。从消费结构看，工业用气、城市燃气、发电用气、化工化肥用气分别占天然气消费总量的 40%、32%、18%、10%。《行动方案》指出，加快推进页岩气、煤层气、致密油（气）等非常规油气资源规模化开发；有序引导天然气消费，优化利用结构，优先保障民生用气，大力推动天然气与多种能源融合发展，因地制宜建设天然气调峰电站，合理引导工业用气和化工原料用气；支持车船使用液化天然气作为燃料。由此可见，在碳达峰、碳中和目标下，天然气作为能源转型的过渡能源，在未来 5～10 年还有一定的发展空间，但从长远来看，要实现碳中和目标，天然气最终也将被无碳的非化石能源所替代。

（二）加快推动工业领域绿色低碳发展

工业是产生碳排放的主要领域之一，对全国整体实现碳达峰具有重要影响。当前，我国工业占国内生产总值的 40%左右，制造业规模位居世界第一。虽然“十三五”期间规模以上工业单位增加值能耗降低约 16%，但我国工业发展依然没有摆脱高投入、高消耗、高排放的粗放式发展模式，工业能耗占全国能耗的比重超过 70%，重点工业产品单位能耗与国际先进水平相比仍有较大差距。依据中国碳核算数据库的数据，2017 年钢铁、水泥、化工（包括石油化工与基础化工）、有色等高耗能制造业的碳排放量，合计占全国碳排放量的约36%。因此，实现“绿色制造”是我国实现碳达峰、碳中和目标的关键一步。

一是大力发展绿色低碳产业。优化产业结构，加快退出落后产能，大力发展战略性新兴产业，加快传统产业绿色低碳改造。促进工业能源消费低碳化，推动化石能源清洁高效利用，提高可再生能源应用比重，加强电力需求侧管理，提升工业电气化水平。深入实施绿色制造工程，大力推行绿色设计，完善绿色制造体系，建设绿色工厂和绿色工业园区。推进工业领域数字化、智能化、绿色化融合发展，加强重点行业和领域技术改造。以绿色低碳技术创新和应用为重点，引导绿色消费，推广绿色产品，提升新能源汽车和新能源的应用比例，全面推进高效节能、先进环保和资源循环利用产业体系建设，推动新能源汽车、新能源和节能环保产业快速壮大，积极推进统一的绿色产品认证与标识体系建设，增加绿色产品供给，积极培育绿色市场。

二是推动钢铁行业碳达峰。“十三五”期间，我国提前两年完成“十三五”化解钢铁过剩产能1.5亿吨上限目标任务，全面取缔“地条钢”产能1亿多吨。下一步，要继续深化钢铁行业供给侧结构性改革，严格执行产能置换，严禁新增产能，推进存量优化，淘汰落后产能。推进钢铁企业跨地区、跨所有制兼并重组，提高行业集中度。优化生产力布局，以京津冀及周边地区为重点，继续压减钢铁产能。促进钢铁行业结构优化和清洁能源替代，大力推进非高炉炼铁技术示范，提升废钢资源回收利用水平，推行全废钢电炉工艺。推广先进适用技术，深挖节能降碳潜力，鼓励钢化联产，探索开展氢冶金、二氧化碳捕集利用一体化等试点示范，推动低品位余热供暖发展。

三是推动有色金属行业碳达峰。2020年，有色金属行业二氧化碳排放量6.6亿吨，占全国总排放量的4.7%；其中有色金属行业里铝的耗能最大，全国电解铝生产用电量5 022亿度，占全国用电量的6.7%。

“十四五”“十五五”时期，要巩固化解电解铝过剩产能成果，严格执行产能置换，严控新增产能。推进清洁能源替代，提高水电、风电、太阳能发电等应用比重。加快再生有色金属产业发展，完善废弃有色金属资源回收、分选和加工网络，提高再生有色金属产量。加快推广应用先进适用绿色低碳技术，提升有色金属生产过程余热回收水平，推动单位产品能耗持续下降。

四是推动建材行业碳达峰。建筑材料行业是国民经济中重要的原材料及制品业，也是典型的资源能源承载型行业。据中国建筑节能协会建筑能耗统计专委会的统计研究，2018 年，建筑从最初材料的开采、生产、运输，到施工、运行、报废，在全过程中碳排放量占到当年全国总碳排放量的 51.3%，其中施工过程大约占 1%，运行过程大约占 22%，剩下就是建筑材料的生产、运输等。因此建材行业做好碳减排至关重要。“十四五”“十五五”时期，要加强产能置换监管，加快低效产能退出，严禁新增水泥熟料、平板玻璃产能，引导建材行业向轻型化、集约化、制品化转型。推动水泥错峰生产常态化，合理缩短水泥熟料装置运转时间。因地制宜利用风能、太阳能等可再生能源，逐步提高电力、天然气应用比重。鼓励建材企业使用粉煤灰、工业废渣、尾矿渣等作为原料或水泥混合材。加快推进绿色建材产品认证和应用推广，加强新型胶凝材料、低碳混凝土、木竹建材等低碳建材产品研发应用。推广节能技术设备，开展能源管理体系建设，实现节能增效。

五是推动石化化工行业碳达峰。石油化工行业作为我国的支柱产业，也是碳排放的重要来源之一。“十四五”“十五五”时期，要优化产能规模和布局，加大落后产能淘汰力度，有效化解结构性过剩矛盾。严格项目准入，合理安排建设时序，严控新增炼油和传统煤化工生产能力，稳妥有序发展现代煤化工。引导企业转变用能方式，鼓励以电力、天然气等替代煤炭。调整原料结构，控制新增原料用煤，拓展富氢原料进口来源，推动石化化工原料轻质化。优化产品结构，促进石化化工与煤炭开采、冶金、建材、化纤等产业协同发展，加强炼厂干气、液化气等副产气体高效利用。鼓励企业节能升级改造，推动能量梯级利用、物料循环利用。到2025年，国内原油一次加工能力控制在10亿吨以内，主要产品产能利用率提升至80%以上。

（三）建设低碳城市

低碳城市，就是用低碳的思维、低碳的技术来改造城市的生产和生活，城市经济、市民生活、政府管理都以低碳理念和行为为特征，实施绿色交通和建筑，转变居民消费观念，创新低碳技术，从而最大限度地减少温室气体的排放，实现城市的低碳排放，甚至是零碳排放。

分区域看，城市的碳排放占整个碳排放的70%～80%。城市作为人类活动的主要场所，其运行过程中消耗了大量的化石能源，制造出全球80%的污染，而且城市的碳足迹（指在人类生产和消费活动中所排放的与气候变化相关的气体总量，碳足迹是从生命周期的角度出发，分析产品生命周期或与活动直接和间接相关的碳排放过程）比农村大两倍。因此，低碳城市是实现全球减碳的关键所在。

国家发改委自2010年起先后开展了三批低碳省（区、市）试点工作，共87个省市区县纳入试点范围。海南省于2012年加入第二批国家低碳省区和低碳城市试点。低碳城市建设路径主要有以下几个方面：

一是普及低碳理念。各级政府应充分认识发展低碳经济不仅不会阻碍经济增长，还会实现经济的高质量增长；企业应认识到低碳经济既是挑战，也是机遇，如果未雨绸缪，不仅能降低成本甚至还可以抓住商机。党政机关要发挥能源节约示范作用，公众应该意识到自身在碳减排中的责任和义务，努力改变生活方式和消费方式，实现低碳生活。

二是推动低碳发展。调整产业结构是碳减排的主要途径。一方面，我们要通过对传统产业的技术改造实现低碳化升级，煤电厂要求具有捕捉并储存二氧化碳的能力。另一方面要促进产业结构的升级，积极发展低碳产业。同时，积极发展低碳能源，加速太阳能、风能等新能源产业的发展，减少使用化石燃料。

三是提倡建筑节能。推行节能住宅，从节能建筑材料到住宅建设和设计的各个环节坚持低碳标准。建筑节能最可行的路径是在建筑中大规模推广使用太阳能、地热能等可再生能源。可再生能源虽然在工业、交通等领域推广应用较困难，但完全可以很好地满足建筑中的热水供应、采暖、制冷等需求。

四是发展低碳交通。通过积极发展新能源公共交通，发展共享单车、共享电动车、共享汽车，建设良好的公共交通网络，尽最大可能减少对私家车的依赖，同时，大力发展新能源汽车，积极引导居民养成环保的出行习惯。另外，在城区内增加森林覆盖有助于碳固化。

总之，在过去几十年里，城市的发展为整个社会的进步注入了活力，但城市热岛效应等环境问题日益突出。发展低碳城市是城市可持续发展的出路所在，低碳城市的发展依赖于产业结构、能源结构及消费习惯的调整，需要政策法规的支持，更需要技术创新的支撑。

（四）积极增加碳汇

减少碳排放，给地球“减负”，不但要做“减法”，也要做“加法”，即增加碳汇。所谓碳汇（carbon sink），是指通过植树造林、植被恢复等措施，吸收大气中的二氧化碳，从而减少温室气体在大气中的浓度的过程、活动或机制。

陆地上的绿色植物通过光合作用能够固定空气中的二氧化碳，称之为“绿碳”。森林拥有巨大的固碳功能，植树造林是增加碳汇的主要方式。研究表明，每增加1%的森林覆盖率，便可以从大气中吸收固定0.6亿～7.1亿吨碳。比如，海南是我国的热带岛屿，土地肥沃，全年暖热，雨量充沛，全岛年平均降雨量在1 600毫米以上；光照充足，年日照时数为 1 750～2 650 小时，非常适宜各类植物生长。树木生长越快，形成碳汇的能力就越强，发展碳汇林业的优势就越明显。特别是独特的热带雨林生态系统具有极大的碳汇功能。根据中国林业科学研究院热带林业研究所尖峰岭国家级森林生态系统定位研究站 20 多年的观测研究，当地热带雨林每公顷林地，一年吸收固碳达 2.38 吨，相当于约 8.8 吨二氧化碳气体，远远高于马来半岛热带雨林每公顷每年 1.24 吨、非洲热带雨林每公顷每年 0.63 吨和南美洲亚马孙热带雨林每公顷每年 0.62 吨的吸收固碳能力，碳汇能力为全球热带雨林最高。海南岛鹦哥岭、五指山、霸王岭、吊罗山等其他保护区的热带雨林都和尖峰岭的热带雨林一样，对净化空气、吸收空气中的二氧化碳、减轻地球的温室效应起着重要的作用。

相对于陆地上的“绿碳”，在广袤的海洋中，利用海洋活动及海洋生物吸收大气中的二氧化碳，并将其固定、储存在海洋的过程、活动和机制则被称为“蓝碳”。海洋储存了地球上 93%的二氧化碳，是陆地碳库的 20 倍、大气碳库的 50 倍。单位海域中生物固碳量是森林的 10 倍，是草原的 290 倍。海岸带植物生物量虽然只有陆地植物生物量的 0.05%，但每年的固碳量却与陆地植物相当。全球大洋每年从大气吸收二氧化碳 20 亿吨，占全球每年二氧化碳排放量的 1/3。海洋储碳周期可达数千年，而陆地只有几十年或几百年。红树林、海草床和滨海盐沼并称“三大滨海蓝碳生态系统”。与陆地生态系统不同，滨海湿地中的植物通过光合作用吸收二氧化碳后，凋落物会沉积到土壤中，而海水潮汐往复能够极大减缓沉积有机质的分解。同时在滨海湿地中沉积物被埋藏到更深的土层，能够在百年到上万年尺度上处于稳定状态而不会使二氧化碳释放回大气中，从而实现稳定持续固碳。

基于生态系统强大的固碳作用，应当不断推进山水林田湖草沙一体化保护和修复，提高生态系统的质量和稳定性，提升生态系统碳汇增量。一是结合国土空间规划编制和实施，构建有利于碳达峰、碳中和的国土空间开发保护格局，严守生态保护红线，建立以国家公园为主体的自然保护地体系，稳定现有森林、草原、湿地、海洋、土壤、冻土、岩溶等的固碳作用。二是提升生态系统碳汇能力，实施生态保护修复重大工程，深入推进大规模国土绿化行动，扩大林草资源总量，强化森林资源保护，加强草原、河湖、湿地保护修复，整体推进海洋生态系统保护和修复，提升红树林、海草床、盐沼等固碳能力，确保到2030年，全国森林覆盖率达到25%左右，森林蓄积量达到190亿立方米。三是加强生态系统碳汇基础支撑，建立生态系统碳汇监测核算体系，开展森林、草原、湿地、海洋、土壤、冻土、岩溶等碳汇本底调查、碳储量评估、潜力分析，实施生态保护修复碳汇成效监测评估；加强陆地和海洋生态系统碳汇基础理论、基础方法、前沿颠覆性技术研究；完善碳排放统计核算制度，健全碳排放权市场交易制度，建立健全能够体现碳汇价值的生态保护补偿机制。

（五）争做低碳达人

人类的日常生活是碳排放的重要排放源。居民生活碳排放包含两方面，一方面是生活中的能源消耗造成的直接碳排放，另一方面是生活中进行的消费、购买的服务等造成的间接碳排放。依据碳足迹的概念，这一部分碳排放也包含消费品生产过程中所产生的碳排放。据此测算，我国居民生活碳排放量约占总排放量的40%，发达国家相对应的居民生活碳排放占比为60%～80%。这表明随着生活水平的日益提升，我国居民生活碳排放占比还有提升的可能性。研究表明，欧洲居民平均碳足迹中，出行占30%，家庭生活占22%，餐饮占17%，家具、生活用品占10%，服装占4%。其中吃住行是碳排放大户。

生活方式的改变是持续减少温室气体排放的先决条件。低碳生活是要从日常生活的衣、食、住、行等各个环节挖掘低碳潜力，涉及内容广泛。

一是低碳出行。首先是尽量少开私家车，多乘坐公共交通、电动车、共享单车，或者是步行。据测算，一般汽油轻型车碳排放达 243.8（克/人·公里），而性能最优的电动车（绿色电源）、自行车、步行的碳排放几乎为零。其次是采用互联网视频会议等线上方式开展工作，尽量减少出行。应对新冠肺炎疫情的实践给很多人带来了低碳生活的新体验，如远程办公。

二是杜绝浪费，低碳生活。居民生活碳排放占比不断提高的一个很大原因是过度消费、奢侈浪费。根据联合国粮农组织统计，全球有 1/3 本来用于人类食用的食物被损耗和浪费掉了。《浪费食物碳足迹》报告揭示每年全球食物损耗和浪费量约为 13 亿吨，损耗与浪费的粮食在整个生命周期所产生的碳排放当量为 36 亿吨，相当于全球第三大温室气体排放国。食物浪费不仅意味着食物生产时资源投入的无效消耗和温室气体的大量排放，且废弃食物在不同的处理方式下会产生大量温室气体，加剧气候变化。根据联合国环境规划署发布的《2020 排放差距报告》，全球约 2/3 的碳排放都与家庭有关，而且一部分穷人无法满足基本需求，而另一部分富人过度消费。全球最富有的 1%人口的排放量是最贫穷的 50%的人口的总排放量的两倍以上。2020 年初，能源基金会和《南方周末》共同发布《家庭低碳生活与低碳消费行为研究报告》，通过在全国地级市以上城市抽选 3 500 份生活人口样本进行定量调研，并在北京、杭州、海口、武汉 4 座城市进行的 8 场定性调研发现，由于网购日益便利和快捷，36%的消费可能是不必要的购物，61%的不必要购物与网购有直接关系。低碳生活首先应从源头上减少不必要的消费，防止冲动消费，反对奢侈浪费，倡导节约，实施“光盘行动”。厉行节约和反对铺张浪费是中华民族的传统美德，影响着中国人的低碳行为。随着生活水平的提高，勤俭节约的传统美德完全可以与低碳生活的现代价值观有机结合，追求更加健康、舒适、便捷的生活方式。

三是绿色饮食。倡导绿色消费，选择未被污染或有助于公众健康的绿色产品。比如从健康的角度出发，根据膳食平衡原则，倡导合理摄入动物性食物，避免带来肥胖、高血脂、高血压等健康问题，减少膳食导致的碳排放。同时，尽量选择新鲜食材，少吃加工食品，加工食品不仅对健康有影响，其在加工过程中也会产生碳排放。积极转变消费观念，崇尚自然，在追求健康、追求生活舒适的同时，注重环保，实现可持续消费。比如，多购买本地食材、本地产品，以缩短运输距离，减少运输过程中产生的碳排放。

四是绿色家居。小习惯也能减少碳排放。减少家庭生活的碳排放，要依靠科技、能源的进步，更重要的是通过平日一些小的绿色生活习惯，日积月累地减少碳排放。根据密歇根州立大学研究学者的测算，推行各种不同减少碳排放的绿色生活方式，总计可以减少家庭生活碳排放量超过15%。这些好的方法和习惯，包括房屋节能改造、家电更新维护、晾干代替烘干、降低热水温度等。此外，积极参与城市的垃圾分类工作，在日常生活中做好垃圾分类，也是绿色家居习惯的重要组成部分。

五是支持环保。减少外卖包装消费是支持环保的重要表现之一。目前，移动互联网的发展普及与在外就餐占比的提升促进了餐饮外卖市场的蓬勃发展。根据艾瑞咨询调查的数据，2019年中国餐饮外卖市场规模达6 536亿元，同比增长39.3%，2015—2019年的复合年均增长率约为90%。外卖包装市场规模随之迅速扩张，根据中金公司研究部测算，2019年我国餐饮外卖使用的一次性餐盒或超300亿个，使用的包装袋或超150亿个。塑料为外卖包装的主要材料。美团外卖的调研数据表明，外卖餐盒和包装袋中塑料材质占比均超过80%。国内目前外卖包装废弃处置回收链路尚不完善，而普通塑料在填埋或焚烧过程中会产生大量碳排放，同时受制于技术成熟度、性能和成本，可降解材质外卖包装的规模化应用尚未成熟，外卖包装带来的白色污染问题亟待解决。虽然如此，但我们能做的还有很多，例如购买电子书、节约纸张、少用一次性餐具和一次性纸杯等。

全球气候变化影响着每个人，应对气候变化不仅需要政府和企业行动起来，也需要我们在衣食住行等日常生活的各个环节发现减排潜力，行动起来，为实现碳达峰、碳中和目标贡献一分力量。

第八章　中国生态文明建设的世界意义

地球是人类的共同家园，生态文明建设关乎人类未来，建设绿色家园是各国人民的共同梦想。当前，中国已经成为全球生态文明建设的重要参与者、贡献者和引领者。然而，这一过程并非一帆风顺、水到渠成，中国付出了艰苦的努力。中国将继续秉承人类命运共同体理念，与国际社会携手同行，共谋全球生态文明建设之路，努力推动构建公平合理、合作共赢的全球环境治理体系，积极推动全球可持续发展，共建人与自然和谐共生的美丽家园。

一、中国参与全球环境治理的历程

新中国成立以来，中国对环境问题的认识不断提高和深化，参与全球环境治理的行动也不断升级，这一历程大致可以分为 1949—1972 年的不参与、1972—1992 年的外围参与、1992—2009 年的被动参与、2009—2015 年的由被动参与向主动参与的转变、2015 年以来的主动参与并积极引领等五个阶段。作为全球环境治理的后来者，中国在融入、学习和变革过程中，影响力与日俱增，逐渐成长为全球环境治理的主角。

（一）不参与（1949 年新中国成立至 1972 年第一次人类环境会议）

1972 年以前，是全球环境治理的萌芽时期。20 世纪 30 年代到 60

年代，美国、日本和欧洲相继发生了举世震惊的“八大公害事件”，引起国际社会对环境问题的关注。1968 年，联合国教科文组织在“关于生物圈资源合理利用及保护的政府间会议”上提出“生态可持续发展”概念，首次将环境问题纳入联合国的国际议程。

然而，早期环境问题产生的危害只限于少数工业国等局部区域，多具点源性质，广大第三世界国家还没有环保意识觉醒的现实基础。新中国成立后，面对一穷二白、百废待兴的国情，党领导人民投身改天换地的革命事业，对内忙于继续革命和社会主义建设，对外提出和平共处五项原则，支援亚非拉美人民的反殖反帝斗争。此时的中国处于火热的社会主义革命和建设时期，扩大生产、恢复和发展国民经济，保护新生的社会主义政权是头等大事，没心思也没精力关注和参与全球环境治理。

（二）外围参与（1972 年斯德哥尔摩人类环境大会至 1992 年里约环境与发展大会）

这个时期是全球环境治理体系的形成阶段。1972 年 6 月 5 日，联合国人类环境大会在瑞典斯德哥尔摩开幕，这是世界各国就保护全球环境召开的第一次国际会议，会议通过了《斯德哥尔摩宣言》和《人类环境行动计划》，开启了全球环境治理的进程，是全球环境治理机制正式确立的标志。

作为重返联合国的重大外交活动之一，中国参加了 1972 年的斯德哥尔摩人类环境大会。出席斯德哥尔摩大会具有十分重要的意义。一方面，1972 年联合国人类环境大会给当时正处于“文化大革命”中的中国敲响了警钟，使中国更清楚地意识到局地性或行业性现代化已然造成的某些严重生态环境破坏现象。在该会议的推动下，1973 年中国召开了第一次全国环保大会，制定了保护环境的若干行动计划，开创了中国环保事业。虽然在个别环保政策或行政举措上还可以追溯得更久远，但参加联合国人类环境大会无疑是当代中国环境政策形成发展的“元年”。

另一方面，中国以一种积极活跃的发展中大国的形象出现在全球环境治理舞台，奠定了日后在全球环境治理体系中的“创始会员国”地位，大会通过的《斯德哥尔摩宣言》最早阐述了发达国家与发展中国家二者间共同但有区别的责任原则。立足当下，回望那段历史，中国出席 1972 年联合国人类环境会议的重要性愈发凸显。

在这个阶段，尽管参与了联合国人类环境大会等许多应对全球环境议题的国际行动，但直到 1992 年联合国环境与发展会议之前，中国在很大程度上只是一个全球环境治理的外围参与者。主要有以下几点原因：

（1）中国在全球环境议题上的政策主张，主要基于和平共处五项原则，所以相较于环境保护，中国更关注自身的安全和发展。比如，中国代表团在 1972 年联合国人类环境大会上提出：支持发展中国家独立自主地发展民族经济，按照各国自身的需要开发各国的自然资源，逐步提高人民的福利；各国有权根据自己的条件确定本国的环境标准和环境政策，任何国家不得借口保护环境，损害发展中国家的利益；国际上任何有关改善人类环境的政策和措施，都应该尊重各国的主张和经济利益，符合发展中国家的当前和长远利益；坚决反对帝国主义的掠夺政策、侵略政策和战争政策；坚决反对超级大国以改善人类环境为名，进行控制和掠夺。发展民族经济、反对干涉和侵略，对当时的中国来说，是比为全球环境保护做贡献更优先的事项。

（2）因为工业化程度低，碳排放总量少，没有太多应受到指责的“历史过错”，欧美国家“大度”地应允共同但有区别的责任原则，对于欧美国家正在讨论并且已经付诸行动的生态环境问题，中国既不用承担道义责任，也不用承担政治法律责任。

（3）限于当时的认知水平，在参与全球环境议题之初，中国仅将环境问题视为一个科学问题，由中国气象局作为中国参与联合国政府间气候变化专门委员会的联系机构，负责全球气候治理合作，组织中国学者参与气候变化的科学评估工作，而参加人员也主要以自然科学界的学者为主，重点是加强对气候变化的科学认知。

（三）被动参与（1992 年里约环境与发展大会至 2009 年哥本哈根气候变化大会）

这个时期全球环境治理体系进入迅速发展和调整阶段。《联合国气候变化框架公约》《生物多样性公约》《防止荒漠化公约》《京都议定书》等重要的国际条约相继签署。中国更多的是将环境治理的关注点放在国内，除气候变化等少数几个领域外，对国际环境事务的参与仍然有限，还不能称为主动的参与者。主要表现为：

（1）中国早期对全球环境治理的态度相对保守被动。在国际谈判初期的话语权较少，国际环境议题由西方国家设定，中国主要是被动应对，以伸张自我权利为主，诉求西方发达国家对全球气候治理尽义务，并对发展中国家提供资金与技术支持，国际规则主要由发达国家主导。

（2）中国在全球环境治理尤其是在碳减排中仍无须承担约束性责任。《联合国气候变化框架公约》的签署和生效，为气候变化谈判确立了基本框架，开启了应对气候变化的国际谈判进程。全球变暖和气候变化的概念由此始见于国内媒体，中国意识到参与全球气候治理和合作的重要性。作为后来者，中国谨慎地参与早期国际气候变化谈判，是全球气候治理的学习者和应对者。尽管《京都议定书》并没有规定中国强制性的温室气体减排目标，中国还是保持高度警惕，采取以防御为主的策略，积极维护自身的传统发展权利。1998 年，中国设立国家气候变化对策协调小组，并将应对气候变化的职能从中国气象局转移到综合拟定国家经济和社会发展政策的国家计委。2007 年 6 月，国务院印发《中国应对气候变化国家方案》，此方案是我国第一部应对气候变化的全面政策性文件，也是发展中国家颁布的第一部应对气候变化的国家方案。

如何应对全球气候变化，在中国曾经是个争论不休的问题。因为当时在国内“经济发展是第一位的”。一些人把经济增长置于资源环境治理之上，认为参与全球气候变化治理超出了中国现有的能力。此外，还有应对气候变化是“陷阱论”“阴谋论”的提法，认为气候变化是发达国家设置的陷阱，他们自己已经发展了，现在就想借环境保护抑制中国发展。总之，当时人们普遍把环保作为一个发展负担、“绿色羁绊”。

这一时期中国参与国际环境谈判的主导立场是，国际谈判中的气候议题不只是一个环境问题，也是一个发展问题，中国仍缺乏大规模削减温室气体的能力。对中国来说，应当关注的不只是地球的生态安全，还有自己的发展权和在全球化世界中的经济竞争力。正是基于该原则，在1997年之后的《京都议定书》生效谈判中，中国与其他发展中国家一起，不断强调作为发展中国家的地位，坚定地要求发展中国家只需承担工业排放削减上的非约束性责任（非量化指标），争取和捍卫了传统意义上的发展权利。

（3）由于在技术、资金、理念和履约能力上缺乏实力支撑，中国实行以外促内的方式，接受国际援助，借鉴国外经验，推进国内环境治理。比如，这个时期中国一方面通过参与环境公约谈判，积极履行公约义务，一方面不断寻求与全球环境基金、世界银行、联合国开发计划署和联合国环境署等国际组织和机构的合作，获得了数亿美元的环保资金援助。又如，2005年6月启动的“中国-欧盟生物多样性项目”，是目前欧盟资助的最大规模的海外生物多样性保护项目，资金总额达5 100万欧元，旨在通过加强生物多样性管理，保护中国特殊的生态系统。还如，清洁发展机制（CDM）是发达国家在《京都议定书》框架中设立的资金和技术支持项目，2005—2012年，中国通过CDM市场共注册了3 764个CDM项目，签发了1 600多个项目，签发量超过11.02亿吨。CDM市场为中国带来的收益超过1 000亿元人民币。CDM项目极大地推动了中国的低碳发展，为中国建立国内碳交易体系奠定了基础。

（四）由被动参与向主动参与的转变（2009 年哥本哈根气候变化大会至 2015 年巴黎气候变化大会）

2009 年底在丹麦哥本哈根举行的联合国气候变化大会，是中国参与全球环境治理的一个重要转折点。为推动全球气候谈判，在 2009 年哥本哈根气候大会前夕，中国提出到 2020 年中国碳排放强度在 2005 年基础上下降 40%～45%的目标，这是中国首次就碳减排提出量化指标。在哥本哈根气候变化大会上，中国进一步承诺到 2020 年国内单位生产总值二氧化碳排放量比 2005 年下降 40%～50%。2013 年 11 月，中国发布首部《国家适应气候变化战略》，正视全球气候变化的严峻挑战，将适应气候变化提高到国家战略的高度。

中国应对全球气候变化方面立场和政策的转变，即从最初消极承担减排义务到认为强制减排“不合适”，再到自愿量化减排目标、明确提出到 2020 年的碳减排目标，这里既有对全球环境治理的考量，也有对自身环境问题的认知。

一方面，作为全球第一碳排放国和第二大经济体，中国在碳减排上面临越来越大的国际压力。随着经济快速发展，中国碳排放总量直线上升。根据国际能源机构（IEA）的数据资料，1978—2000 年，中国碳排放处于平稳增长阶段。2000 年以后，中国进入重化工发展阶段，相应的碳排放总量急速增加。从超过欧盟到超过美国，中国仅用了三年时间。2013 年，中国的碳排放总量超过了美国和欧盟的总和，达到 100 亿吨。欧美国家不断对以中国为代表的新兴经济体施加压力，强烈要求新兴经济体承担强制减排目标。2009 年哥本哈根气候变化大会前，以美国为代表的一些发达国家就提出其做出减排承诺的前提是发展中国家减排。与此同时，发展中国家内部也没有形成统一的意见，对气候变暖极度敏感的小岛国联盟国家与发达国家一样希望以中国为代表的新兴经济体承担减排义务。

另一方面，中国急需通过节能减排为长远可持续发展开辟空间。中国经济来到2009年前后这个关口，虽然取得了举世瞩目的成绩，但是在经济优先的理念指导下，大气污染、水污染、土壤污染等环境问题全面爆发，生态环境破坏总体呈加剧趋势，以高投入、高消耗和高污染为特征的粗放型经济增长模式难以为继，迫切需要转变经济发展方式，降低能源资源消耗强度、提高能源资源利用效率成为现实选择。政府决定把节能减排作为经济增长方式从粗放型向集约型转变的重要抓手，并于2010年启动低碳省区和低碳城市试点。大气污染防治在2010年前后进入中国优先政策议程，"十一五"规划纳入单位GDP能耗目标，"十二五"规划纳入单位GDP碳排放目标。这个过程反映出中国对于气候变化问题的新认识：碳减排与自身发展需要具有高度一致性。此外，我国风电、太阳能发电、光伏、新能源汽车等低碳产业异军突起，开始具备与国外同场竞争的能力。

从这两个方面可以看出，中国在全球环境治理中的角色由被动参与者向主动参与者转变，是外部力量的"推动"和内部力量的"拉动"双重作用的结果。但必须说明的是，中国应对气候变化的政策主要是由国内优先事项驱动的，宣布碳减排目标，不能说没有国际压力，但更重要的是国内经济发展的内在要求，国内问题始终是中国在气候变化问题上的国际立场的基础。因此，习近平总书记反复强调，应对气候变化是中国可持续发展的内在要求，也是负责任大国应尽的国际义务，这不是别人要我们做的，而是我们自己要做的。

这一时期，中国逐步改变在气候变化问题上的国际立场，更加积极主动地应对气候变化。在国内，为实现应对气候变化的国家自主贡献方案目标，2005—2015年，中国投入大量资金推进节能减排、绿色低碳转型等。在全球环境治理舞台上表现得日益活跃，2010年以来，中国不仅在联合国气候变化大会上坚定捍卫发展中国家的基本发展权，还从绿色技术转移、资金扶持、培训教育等方面为发展中国家提供切实帮助。比如，2012 年"里约+20"峰会上，中国宣布拨款 2 亿元人民币开展为期三年的气候变化南南合作。为保护非洲野生动物资源，2014 年中国向非洲提供 1 000 万美元无偿援助，加强与非洲国家的技术合作和经验分享，并在肯尼亚建设"中非联合研究中心"。2015 年 9 月，中国宣布拿出 200 亿元人民币建立"中国气候变化南南合作基金"，支持发展中国家尤其是小岛屿国家、最不发达国家、非洲国家应对气候变化。

（五）主动参与并积极引领（2015 年巴黎气候变化大会之后）

以 2015 年巴黎气候变化大会为标志，中国在参与全球气候治理方面变得越来越积极主动，履行国际环保责任的意愿和能力大幅提升，逐渐走近全球环境治理舞台的中央。在中国看来，《巴黎协定》等国际协议不再是当初理解意义上的绿色负担、"绿色羁绊"，而是重要机遇。如果说，中国在 2009 年哥本哈根气候变化大会上，还显得有些踌躇、不自然，甚或不情愿，那么，在 2015 年巴黎气候变化大会和《京都议定书》的国际气候谈判中，中国果断地选择成为全球环境治理领导者的立场，妥善承担与自身发展水平相称的国际责任。

（1）在全球气候变化谈判议题上，中国开始有决心设置碳排放峰值的具体时限和量化减排的路线图。中国在全球环境治理中采取更加进取的姿态，不仅印证了应对气候变化"阴谋论""陷阱论"的破产，而且有助于中国树立负责任大国的形象，日益赢得国内外的期许和认可，这反过来促使中国在参与全球环境治理中的政策与行动更加成熟和自信，愈发表现出已经准备好承担某些有约束力的减排责任。到 2015 年巴黎气候变化大会召开前夕，中国已表现出不再拒绝达成一种有雄心、有力度的国际协议的明确立场。

在 2014 年 11 月 12 日中美两国元首发表的《中美气候变化联合声明》中，中国首次承诺达到碳排放峰值的时间，提出到 2030 年左右碳排放达到峰值，这为中国化石能源消费的增长设置了“天花板”。为推进《巴黎协定》的达成，2015 年 6 月，中国提出了应对气候变化的行动目标即“国家自主贡献”：二氧化碳排放 2030 年左右达到峰值并争取尽早达峰；到 2030 年单位国内生产总值二氧化碳排放比 2005 年下降 60%～65%，非化石能源占一次能源消费比重达到 20%左右，森林蓄积量比 2005 年增加 45 亿立方米左右。这不仅为《巴黎协定》的达成打下了关键基础，也是中国在全球环境治理中领导力的表现。

习近平主席在 2020 年 9 月召开的第 75 届联合国大会和 2020 年 12 月召开的气候雄心峰会上，宣布提高中国国家自主贡献力度，“到 2030 年，中国单位国内生产总值二氧化碳排放将比 2005 年下降 65%以上，非化石能源占一次能源消费比重将达到 25%左右，森林蓄积量将比 2005 年增加 60 亿立方米，风电、太阳能发电总装机容量将达到 12 亿千瓦以上”，“二氧化碳排放力争于 2030 年前达到峰值，努力争取 2060 年前实现碳中和”，即“双碳”目标。考虑到我国仍处于工业化和城市化中后期，还面临能源结构偏煤、产业结构偏重等问题，经济发展仍需保持合理增速，能源需求还将持续增长，提出“双碳”目标后，中国能源结构和产业结构转型的力度和速度，都要围绕“2030 年碳达峰，2060 年碳中和”的目标来规划安排。也就是说，到 2030 年要实现碳排放达峰，然后逐渐走向净减少，争取再用 30 年实现碳中和（欧洲国家从碳达峰到碳中和的时间相距约 60 年），完成以上任务绝非易事。而我国依然提出上述有力度的碳中和路线图，彰显了大国的责任与担当。

上述消息一经宣布，随即在国际上产生强烈的反响。最早提出“绿色 GDP”概念的学者之一、美国国家人文科学院院士小约翰·柯布认为，“中国给全球生态文明建设带来了希望之光”。法新社援引专家观点指出，中国宣布承诺是一个决定性时刻，将重振全球气候行动的雄心。德国环境部认为，中国宣布 2060 年前实现碳中和目标将为更多国家加入环保行列带来动力。欧盟委员会主席冯德莱恩表示，对中国在联合国提出的减排计划及努力争取 2060 年前实现碳中和的目标表示欢迎，认为这是在《巴黎协定》框架下应对气候变化的重要一步。

（2）全力推动《巴黎协定》的正式生效和落地实施。在被寄予厚望的 2009 年哥本哈根气候变化大会上，各国没有就 2012 年《京都议定书》一期承诺到期的后续方案达成一致，仅通过由部分国家推动下所产生的不具法律效力的《哥本哈根宣言》，这实际上宣告了《京都议定书》的终结。《巴黎协定》最重要的意义或价值是，取代《京都议定书》成为全球环境治理的共同行动方案。值此转折之际，谁来担当全球气候治理的领导角色，推动《巴黎协定》生效和落地实施，一时成为国际社会关注的焦点。

2015 年 12 月，197 个国家在巴黎气候变化大会上通过了《巴黎协定》，但协议正式生效并具有约束力，至少需要 55 个缔约方完成国内批准程序，且其温室气体排放量需占全球总量的 55%以上。据当时的乐观估计，达到上述生效标准至少要等到 2017 年，因为《京都议定书》从 1997 年 12 月达成到 2005 年 2 月生效就花费了 7 年多的时间。然而，这一次中国挺身而出。2016 年 9 月，中国在世界大国中率先批准《巴黎协定》并向联合国交存批约文书，传递了支持协定的强烈信号。随后，巴西、印度、欧盟等相继批准，2016 年 11 月 4 日，《巴黎协定》正式生效，成为历史上批约生效最快的国际条约之一。法国前外长、时任联合国气候变化巴黎大会主席法比尤斯指出："如果没有中国的积极支持，《巴黎协定》就不可能达成。"联合国前秘书长潘基文多次表示，中国为《巴黎协定》的达成、巴黎气候变化大会的成功做出了历史性的贡献、基础的贡献、重要的贡献、关键的贡献。

除大力推动《巴黎协定》达成外，中国还积极引领推动《巴黎协定》的落地实施。特朗普在竞选美国总统时宣布要退出《巴黎协定》，这给各国继续履行《巴黎协定》蒙上了阴影。在特朗普 2017 年 1 月 20 日就职典礼的前三天，即 2017 年 1 月 17 日，习近平主席在瑞士达沃斯世界经济论坛 2017 年年会上发表了题为《共担时代责任　共促全球发展》的演讲，他斩钉截铁地指出："《巴黎协定》符合全球发展大方向，成果来之不易，应该共同坚守，不能轻言放弃。这是我们对子孙后代必须担负的责任！"第二天，即 2017 年 1 月 18 日在联合国日内瓦总部的演讲中，对于落实《巴黎协定》，习近平主席进一步指出："《巴黎协定》的达成是全球气候治理史上的里程碑。我们不能让这一成果付诸东流。各方要共同推动协定实施。中国将继续采取行动应对气候变化，百分之百承担自己的义务。"习近平主席的表态，释放出支持《巴黎协定》、推进全球环境治理的坚定决心。澳大利亚前总理陆克文对此评价说："为此，世界欠中国一个感谢。"

（3）积极履约，参与并引领全球环境治理合作。随着中国国力的不断提升，中国参与全球环境治理的广度和深度空前拓展，参与并引领全球环境治理成为中国生态文明建设的重要任务。2019 年美国国家航空航天局数据显示，过去近 20 年地球增加的绿化面积相当于整个亚马孙雨林。2020 年，习近平主席在第 75 届联合国大会上做出实现"双碳"目标的庄严承诺，中国正积极构建落实承诺的"1＋N"政策体系，忠实履行对外承诺。截至 2020 年底，中国已与 100 多个国家开展了生态环境国际合作与交流，与 60 多个国家、国际及地区组织签署了约 150 项生态环境保护合作文件，已签约或签署加入 50 多项与生态环境有关的国际公约、议定书，涉及气候变化应对、生物多样性保护、臭氧层保护、海洋保护、土地荒漠化防治等领域。中国还加大力度向世界分享绿色技术和经验，在地区层面上，与周边国家联合开展沙尘暴治理、雾霾治理、海洋污染治理、跨国河流治理等行动。2021 年 10 月，我国在昆明主持召开《生物多样性公约》第十五次缔约方大会。中方作为东道国，召集 140 多个缔约方及 30 多个国际机构和组织的 5 000 余位代表通过线上线下结合方式参加大会，集体通过由中方起草的《昆明宣言》，推动制定“2020 年后全球生物多样性框架”，为未来全球生物多样性保护明确了方向和路径。2021 年 11 月 1 日，习近平主席向在英国格拉斯哥举办的《联合国气候变化框架公约》第二十六次缔约方大会世界领导人峰会发表书面致辞，提出了维护多边共识、聚焦务实行动、加速绿色转型等建议，并呼吁各方强化行动，携手应对气候变化挑战，合力保护人类共同的地球家园。

（4）为发展中国家生态文明建设提供更多援助。近年来，中国秉持“授人以渔”理念，推动多种形式的应对气候变化南南务实合作，与其他发展中国家分享绿色发展经验，深化新能源技术合作，尽己所能地帮助发展中国家加强应对气候变化的能力建设。在资金方面，中国金融机构发行数只绿色债券，在卢森堡证券交易所挂牌交易，募集数十亿美元资金用于支持相关国家绿色项目建设；2021 年 10 月，习近平主席在《生物多样性公约》第十五次缔约方大会领导人峰会上宣布，中国将率先出资 15 亿元人民币，成立昆明生物多样性基金，支持发展中国家生物多样性保护事业。在技术方面，设立中国国际发展知识中心，同各国一道研究和交流发展理论和发展实践，于 2016 年启动气候变化南南合作的“十百千”项目，即在发展中国家开展 10 个低碳示范区、100 个减缓和适应项目及 1 000 个应对气候变化培训名额的合作项目；加快能源科技出海，援建巴基斯坦巴沙水电站、匈牙利考波什堡光伏电站、克罗地亚塞尼风电项目等。在培训教育方面，哈萨克斯坦、蒙古国、埃及、博茨瓦纳、纳米比亚等数国农业科技人员走进中国，学习荒漠化防治和生态修复技术，中国环境治理经验让越来越多的国家和地区获益。

中国还将生态文明领域合作作为共建“一带一路”重点内容，把生态文明建设融入“一带一路”建设的方方面面，发起绿色行动倡议，采取绿色基建、绿色能源、绿色交通、绿色金融等举措，深化以可持续发展为准则的绿色发展合作。中国每年对“一带一路”沿线国家进行大量投资，要求企业将国内推进绿色和低碳发展的最佳技术和良好实践分享给沿线国家，并对投资高碳项目做出明确限制。2017 年 5 月，环境保护部、外交部、国家发展改革委、商务部联合发布《关于推进绿色“一带一路”建设的指导意见》，首次提出建设绿色“一带一路”的理念，倡议推进绿色投资、绿色贸易和绿色金融体系发展，明确了绿色“一带一路”建设的初步思路。2021 年 6 月“一带一路”亚太区域国际合作高级别会议期间，与会 29 国共同发起“一带一路”绿色发展伙伴关系倡议。联合国经济和社会理事会主席、巴基斯坦常驻联合国代表穆尼尔·阿克拉姆表示，中国推进绿色发展、重视生态文明建设正成为许多国家“发展绿色经济和生态经济的范本”。中国在推进共建“一带一路”过程中，逐步引入生态文明和绿色经济概念，从而惠及沿线国家。“这不仅是发展中国家，而且是整个世界都非常欢迎的一个举措。”2021 年 9 月 21 日，习近平主席在第七十六届联合国大会一般性辩论上的重要讲话中指出：“中国将大力支持发展中国家能源绿色低碳发展，不再新建境外煤电项目。”中国还通过 G20 峰会、金砖国家合作机制、上海合作组织、中国-东盟合作机制等多边平台，倡导开展绿色合作。

二、中国参与并引领全球环境治理的挑战

全球环境治理是全球治理的一部分。环境治理从来就不是一个单独的环保问题，也不是单纯的经济问题，而是国家间的综合博弈，体现的是各国对权力和利益的竞争与角逐，关系到各国在国际社会的权利和义

务。全球环境治理谈判与合作，从本质上讲是各国间政治话语权、经济主导权之争。一个国家在全球环境治理领域的政策和主张，主要还是基于其本国环境政策和国家利益。当前中国参与全球环境治理合作存在以下挑战：

（一）全球化退潮

全球化是环境问题得以在世界各国进行合作治理的重要因素。当今世界正经历百年未有之大变局，2008 年国际金融危机和 2020 年以来的新冠肺炎疫情对西方国家资本主义秩序造成严重冲击，东升西降态势明显，国际格局进入快速调整期，一些国家单边主义、保护主义抬头，“去全球化”“逆全球化”的思潮和行径甚嚣尘上。2015 年巴黎气候变化大会取得了非凡成就，标志着全球气候治理进入新阶段。然而，在接下来的一年里，英国脱欧和特朗普当选美国总统对全球环境治理合作带来了一系列连锁反应。有两个最直接的后果：一是英国脱欧以及主权债务危机等问题，加剧了欧盟内部的动荡，延缓了经济复苏，欧盟自顾不暇，不可避免地会削减一些本应投入环境治理方面的资金和技术支持。二是特朗普上台之后全面清除奥巴马时期的气候政策，一再对国内大气污染法律法规“松绑”。据《纽约时报》报道，2017 年以来特朗普时期的美国政府共削弱了 100 多项环境法规的执行力度。对全球环境治理造成更严重损害的是，在《巴黎协定》签订两年半后，也就是 2017 年 6 月 1 日，特朗普政府单方面宣布美国将退出该协定，否认自身约束性量化减排义务，无视本国温室气体减排义务，游离于全球减排体系和安排之外。虽然拜登在就职当日宣布美国重返《巴黎协定》，但该事件仍给各国切实履行减排义务做了一个极不光彩的“榜样”。

另外，近年来，一些国家内顾倾向明显，宏观经济环境政策趋于保守，在解决有关地球生死存亡的危机上，为国家短期利益或某些政客的一己私利，置全人类利益于不顾，背信弃义，履约情况出现大幅度倒退。美国荣鼎咨询公司 2019 年 1 月发布报告显示，2019 年美国温室气体净排放量仍略高于 2016 年水平，无法兑现美国在 2009 年《哥本哈根协定》中所承诺的到 2020 年底减排 17%的目标，更无法履行本国曾经确立的“到 2025 年在 2005 年温室气体排放基础上排放下降 26%～28%”的气候行动目标承诺。西方国家的减排承诺和资金、技术援助大都不能完全兑现。

（二）霸权主义和强权政治阴魂不散

霸权主义和强权政治不仅损害国际公平正义，而且损害了全球环境治理合作的根基，不利于从根本上解决各类环境问题。但偏偏一些发达国家抱着霸权主义和强权政治的“牌位”不放，在全球环境治理合作中依靠其强势地位对他国颐指气使，妄图把包括应对气候变化在内的环境保护合作演变为地缘政治的筹码、攻击他国的靶子、贸易壁垒的借口。特朗普执政时期，除了在疫情、涉疆、涉港等问题上指责中国之外，美国在环境问题上也加大了对中国的无端指责，先是在联合国讲台上罔顾事实，无端诋毁中国在大气、海洋等环境保护领域的努力，然后又于 2020 年 9 月杜撰所谓“中国破坏环境事实清单”，大肆制造和宣扬所谓“中国环境威胁论”“中国气候威胁论”，认为中国不能跳出传统工业化发展的老路，必然向外输出生态破坏与环境污染。在国际气候谈判中，美国在做出某些承诺之际总会强调，只有在各国就减排、透明度和资金问题达成更广泛协议的前提下，美国才履行相关义务。以美国为首的西方国家，一直企图在《联合国气候变化框架公约》内设立一个以国际组织或“第三方”为主体的监督机构，基于可测量、可报告、可核查“三可原则”，对各国的减排承诺兑现和援助资金使用情况进行监督。鉴于国际关系民主化现状和美国霸权主义的种种劣迹，我们有理由怀疑所谓“透明度”要求和“三可原则”，以国际组织或“第三方”为主体的外部性履约监督，存在大国“干预和干涉”的可能。

（三）一些西方国家在全球环境治理合作上大搞“双重标准”

一些西方国家动辄指责别国的环保行动，对自己的环保责任却避而不谈。比如，中国曾经是世界最大的资源垃圾进口国，全球约一半的固体废物出口到中国，一些企业将这些洋垃圾变废为宝，但也付出了沉重的环境代价。出于改善环境质量和维护国家生态环境安全的考虑，中国自 2018 年 1 月 1 日起开始实施“洋垃圾”禁令，即全面禁止进口电子垃圾、废塑料等固体废物。对此，一些发达国家的政府甚至向世贸组织表达了忧虑，因为这使得它们的垃圾一时找不到合适的“接盘侠”。中国一艘油轮搁浅在大海，西方一些国家立即表示对漏油会引发生态灾难的担忧。而针对日本不顾国内外强烈质疑和反对，将几百万吨核废水直排入海事件，有的国家视若无睹、态度模糊，有的国家是非不分、不讲原则地偏袒日本。

中国是国际社会负责任的一员，始终以认真负责的态度来参与全球环境治理。同时，作为发展中国家，中国不能承担超出自身能力所能承受界限的国际责任。一些西方国家不顾中国仍是发展中国家的现实，企图压迫中国在气候变化、生物多样性保护等领域承担超出我国责任、发展阶段和能力的更大义务。

欧美国家还常常对以我国为代表的发展中国家的环保行动和政策，开展居高临下的“何不食肉糜”式的批评。“环保少女”通贝里在欧盟、联合国乃至气候峰会上大肆指责各国政府，她不鼓动其他人种树或者节能减排，反而鼓动全球的中学生，尤其是鼓励中国、乌干达、俄罗斯的朋友“团结起来”，一起参加“星期五罢课”，以抗议“气候危机”。正如俄罗斯总统普京回击“环保少女”通贝里时说的那样，没有人向她解释，现代世界是复杂且多样的，生活在非洲和很多亚洲国家的民众想要生活在与瑞典同等财富水平之中，那应该怎么做呢？普京还呼吁她去向发展中国家解释一下，他们为什么应该继续生活在贫困中，而无法像瑞典一样。

（四）发达国家对以中国为代表的新兴经济体构筑绿色壁垒

治理环境问题的先进技术和绿色低碳产业科技大都掌握在发达国家手中，它们本应对发展中国家进行环境保护的“技术扶贫”，《联合国气候变化框架公约》也承诺发达国家应为发展中国家提供相关技术和资金。但是，一方面，发达国家对环保技术和低碳科技要价昂贵，希望从技术转移中获取高额垄断利润，将援助机制变成牟利工具。另一方面，欧美国家利用其在环保标准、环保技术及其产品、国际碳排放交易、碳金融等方面的优势，对发展中国家特别是以中国为代表的新兴经济体构筑绿色壁垒，进行降维打压。

(1) 碳关税。又称环境进口附加税，最早由法国前总统希拉克在2007年提出，用意是希望欧盟国家针对未遵守《京都议定书》的国家征收商品进口税，否则因大力应对气候变化，欧盟企业所生产的商品将遭受不公平的价格竞争。制度设计的初衷是必须惩罚那些减排不力的国家，保卫欧盟的减排成果。2021年3月10日，欧洲议会通过了碳边界调节机制（CBAM，俗称“碳关税”）议案，决定对欧盟进口的部分商品征收碳税，这标志着碳税机制成为欧盟法律，进入实施阶段。2021年7月14日，欧盟委员会发布了“Fit for 55”一揽子气候立法提案，其中就有备受瞩目的碳边境调节机制法案，这意味着欧洲碳关税已处于制度设计阶段。美国拜登政府表示正在考虑征收“碳边境税”或“边境调节税”，英国前首相约翰逊也曾建议七国集团之间协调征收碳边境税。可见，建立碳关税制度正在成为发达国家在气候问题下新的博弈方式，它们在是否征收碳关税问题上大有合流之势。虽然碳关税从愿景到执行还有一段距离，但应对之保持高度警惕。因为这一制度设计忽略了众多不发达国家的碳排放需求和减排能力，一旦制度落地，将迫使碳排放仍在高速增长的新兴经济体提高出口产品的生产成本，从而使发达国家利用其环保技术优势建立新的贸易壁垒。

（2）严苛的市场准入和绿色技术标准。这是指发达国家依赖其技术和环保水平，通过颁布复杂多样的环保法规，建立严格的环境技术标准和产品包装要求，以及建立烦琐的检验认证和审批制度，借环境保护之名行贸易保护之实，将发展中国家的某些商品拒之门外。比如，2008年国际金融危机之后，欧盟出台了环境足迹产品指导目录，要求对产品生产的每个环节进行环境评价，只有评价结果达到要求的才能进入欧盟市场。再比如，在机电行业，随着中国等新兴工业国研发能力的提高和越来越具有产品成本控制优势，欧盟为保护自己的产品市场，阻隔来自发展中国家机电企业的威胁，使用了颇具杀伤力的“绿色禁令”。它先是出台《关于化学品的注册、评估、授权与限制》（registration，evaluation and authorization of chemicals）即REACH法规，将进入欧盟市场的化学产品及其下游的纺织、轻工、机电等产品纳入注册、评估、授权三个管理系统，未纳入管理系统的不得在欧盟市场上销售。接着出台“能耗产品认证”，要求机电产品从设计开始就综合考虑对能源、资源和环境的影响，进一步提高准入门槛。

（3）反补贴税制度。为保持本国产品竞争力，发展中国家往往对出口企业减少污染的行为，如购买排污削减设备、环保工艺改造等，进行环境补贴，以帮助企业能够生产达到国际出口标准的产品。这一补贴政策又被发达国家以违反自由贸易为由，对其出口产品征收相应的反补贴税。美国就曾以环境保护补贴为由，对来自巴西的人造橡胶鞋和来自加拿大的速冻猪肉向世贸组织提出反补贴起诉。

三、构建人与自然生命共同体——全球环境治理的中国方案

人类命运共同体是中国关于中国与世界关系、关于世界秩序的一个

构想，也是中国参与和引领全球治理，推动全球治理体系变革的现实方案。在党的十九大报告中，“坚持推动构建人类命运共同体”被列为新时代坚持和发展中国特色社会主义的十四条基本方略之一。2015 年 9 月 28 日，习近平主席在第七十届联合国大会一般性辩论发表的重要讲话中，从政治、安全、经济、文化、生态等五个方面详细阐述了构建人类命运共同体的理念，即在政治上“建立平等相待、互商互谅的伙伴关系”，在安全上“营造公道正义、共建共享的安全格局”，在经济上“谋求开放创新、包容互惠的发展前景”，在文化上“促进和而不同、兼收并蓄的文明交流”，在生态上“构筑尊崇自然、绿色发展的生态体系”，形成了打造人类命运共同体“五位一体”的总布局。2021 年 4 月 22 日，习近平主席出席领导人气候峰会并发表题为“共同构建人与自然生命共同体”的重要讲话，强调“面对全球环境治理前所未有的困难，国际社会要以前所未有的雄心和行动，勇于担当，勠力同心，共同构建人与自然生命共同体”。应对日益严峻的全球生态环境问题，推动构建人与自然生命共同体，是人类命运共同体的核心内容之一。

（一）人与自然生命共同体概念的演进

通观习近平总书记关于“生命共同体”的论述，党的十八大以来，对人类命运共同体中如何处理人与自然的关系，经历了一个由浅入深、由低级到高级的认识过程。一是自然本身是生命共同体阶段。2013 年 11 月在党的十八届三中全会上，习近平总书记针对生态环境治理中存在的问题，提出“山水林田湖是一个生命共同体”。2017 年 7 月在讲到构建以国家公园为主体的自然保护地体系时，习近平总书记指出要“坚持山水林田湖草是一个生命共同体”，将“草”这一最大的陆地生态系统包括到了生命共同体中，扩大了生命共同体的边界。二是人与自然是生命共同体阶段。大自然是包括人在内一切生物的摇篮，人类归根结底也是大自然的一部分。党的十九大报告正式提出人与自然是生命共同体，从“将自然看作生命共同体”层次跃升到了“将人与自然所构成的世界整体看作生命共同体”层次。

（二）人与自然生命共同体的内涵要义

习近平总书记在题为“共同构建人与自然生命共同体”的讲话中，用“六个坚持”即坚持人与自然和谐共生、坚持绿色发展、坚持系统治理、坚持以人为本、坚持多边主义、坚持共同但有区别的责任原则，首次全面阐释了人与自然生命共同体理念的丰富内涵与核心要义，对人类命运共同体中如何处理人与自然的关系进行了拓展和深化。“六个坚持”是原则，是方向，更是人类为保护地球家园而应有的坚守。

（1）坚持人与自然和谐共生。大自然是人类赖以生存发展的基本条件。人类应该以自然为根，尊重自然、顺应自然、保护自然。不尊重自然，违背自然规律，只会遭到自然报复。自然遭到系统性破坏，人类生存发展就成了无源之水、无本之木。国际社会应当重新审视和理解人与自然的关系，要像保护眼睛一样保护自然和生态环境，推动形成人与自然的和谐共生新格局。

（2）坚持绿色发展。生态环境保护的成败取决于经济结构与经济发展方式。坚持“保护生态环境就是保护生产力，改善生态环境就是发展生产力”的理念，摒弃损害甚至破坏生态环境的发展模式，摒弃以牺牲环境换取一时发展的短视做法。顺应当代科技革命和产业变革大方向，抓住绿色转型带来的重大发展机遇，以创新为驱动，大力推进经济、能源、产业结构转型升级，让良好生态环境成为全球经济社会可持续发展的支撑。

（3）坚持系统治理。环境治理问题是综合性、系统性问题，保护生态环境不能头痛医头、脚痛医脚。要从生态环境整体性出发，按照生态系统的内在规律，统筹考虑自然生态各要素，综合推进山水林田湖草沙系统治理，从而达到增强生态系统循环能力、维护生态平衡的目标。

（4）坚持以人为本。生态环境关系各国人民的福祉，不能将发展与环境保护对立，必须充分考虑各国人民对美好生活的向往、对优良环境的期待、对子孙后代的责任，探索保护环境和发展经济、创造就业、消除贫困的协同增效，在绿色转型过程中努力实现社会公平正义，增加各国人民获得感、幸福感、安全感。

（5）坚持多边主义。坚持以国际法为基础、以公平正义为要旨、以有效行动为导向，维护以联合国为核心的国际体系，遵循《联合国气候变化框架公约》及《巴黎协定》的目标和原则，努力落实 2030 年可持续发展议程。这包括：强化自身行动，深化伙伴关系，提升合作水平，在实现全球碳中和新征程中互学互鉴、互利共赢；要携手合作，不要相互指责；要持之以恒，不要朝令夕改；要重信守诺，不要言而无信。

（6）坚持共同但有区别的责任原则。由于各国发展水平不一样，共同但有区别的责任原则是全球气候治理的基石。发展中国家面临抗击疫情、发展经济、应对气候变化等多重挑战。我们要充分肯定发展中国家应对气候变化所做的贡献，照顾其特殊困难和关切。发达国家应该展现更大雄心和行动，同时切实帮助发展中国家提高应对气候变化的能力和韧性，为发展中国家提供资金、技术、能力建设等方面支持，避免设置绿色贸易壁垒，帮助它们加速绿色低碳转型。

人与自然生命共同体理念蕴含着丰富的政治内涵、经济内涵与价值观内涵。其中，坚持人与自然和谐共生是这一理念的核心要义。

坚持绿色发展和坚持系统治理是这一理念的经济内涵。绿色发展是指以尊重自然为原则，实现生产方式和经济结构转型，打造人与自然和谐共生的新格局。系统治理要求各国尊重彼此共享环保治理资源与治理红利的权利，以更高水平、更高层次的开放参与到全球环境治理的大潮中。

坚持以人为本和坚持多边主义共同构成了这一理念的价值观内涵。

各国在保留本国文化价值的基础上，尊重彼此的发展模式和社会制度，在全球环境治理进程中扩大共识、缩小分歧，逐步形成多元且融合的行为准则。同时，国际社会要以多边主义为依托，以互利共赢和兼容并蓄为宗旨，搭建交流平台与合作机制，实现各国利益共享。

坚持共同但有区别的责任原则，增进共同体意识和行动，是落实这一理念的政治基础。其政治内涵的实质就是要在全球环境治理体系中构建以合作共赢为核心的新型伙伴关系，推进全球环境治理体系的健康发展。

（三）构建人与自然生命共同体的重要意义

对于全球环境治理，大国怎么做，事关重大。我们常说，大国就要有大国的样子。这个样子就是要展现更大的胸怀，承担更大的责任，做出更大的贡献。构建人与自然生命共同体，是习近平总书记基于人类文明前途命运的深远考虑、基于对世界人民和子孙后代高度责任感，以世界主义情怀和国际主义视野，为加强全球环境治理、推进全球可持续发展所提出的中国方案。

（1）为全球环境治理贡献中国智慧。这一理念不仅是中国生态文明建设的智慧结晶，也是参与全球环境治理的经验总结，有助于世界各国尤其是发展中国家从中国经验与智慧中获得启迪，进而选择适合本国国情的环境治理模式，提升自身环境治理和参与全球环境治理的能力。

（2）有效纾解全球环境治理困境。这一理念作为推进全球可持续发展的新型价值观，针对全球环境治理挑战，提出“六个坚持”的系统方案，将为推动构建公平合理、合作共赢的全球环境治理体系发挥重要作用。

（3）提升中国特色的生态文明话语权。这一理念坚持马克思主义基本原理，根植深厚的中国传统生态文化土壤，立足中国生态文明建设实践，广纳世界现代生态文化之长，为打造中国生态文明话语体系和国际生态文明话语表达，构建有中国特色的生态文明话语权奠定了坚实基础。

四、中国参与并引领全球环境治理的行动策略

全球环境治理是一个复杂多元的难题。构建人与自然生命共同体是一种与过去截然不同的生态环境治理新型价值伦理观念、制度机制规范和日常行为准则，是一个美好的目标，要把它推动落实到全球各地，还需要坚持不懈、久久为功的踏实行动。

（一）推动全球环境治理合作

治理和保护全球生态环境，不是一朝一夕的事情，更不是哪一个国家可以把控的事情。即便是超级大国也无法独自应对日益严峻的全球生态危机。面对共同的生态问题挑战，中国应促进各国团结合作、采取协调一致的国际应对措施。

（1）以构建人与自然生命共同体理念凝聚共识。在国际环境会议、峰会论坛、各类合作组织等平台，以生态文明建设和绿色发展为纽带，聚同化异、理性地进行构建人与自然生命共同体的交流与对话，推动各国超越制度、种族、信仰、政治意识形态的藩篱，寻求各方“最大公约数”，加快绿色发展国际合作网络建设，不断凝聚全球绿色发展的共识与合力；推动各国尤其是西方发达国家树立命运共同体意识，跳出小圈子和零和博弈思维，对全球环境治理多一点贡献、多一点担当，实现互惠共赢。

（2）参与并引领全球环境治理合作。进一步加强与世界各国、联合国环境规划署等相关机构、世界气象组织等的密切合作，与“基础四国”（中国、印度、巴西、南非）、欧盟和美国加强全球环境治理的大国协调，参加 G20 峰会、上海合作组织等多边环境会议和中美、中欧等

双边环境会议，共同引领国际公约谈判、国际环境立法进程，落实《巴黎协定》等国际环境协议成果。

（3）推动强化国际环境立法约束。环境领域的国际协议、国际法和国际公约，是指导各国和地区采取一致步调的行动纲领。当前也存在对于缔约方的实质内容和落实力度没有强制要求，部分国家履约进程缓慢、执行效率低等问题。中国应在联合国框架内，通过积极参与国际性的环境保护会议，推动各国达成更具约束力的国际环境协议、国际环境保护公约，提高国际法在全球环境治理中的地位和作用，确保国际规则得到有效遵守和实施。

（二）推动构建公平合理、合作共赢的全球环境治理体系

经过多年的环境治理谈判，广大发展中国家充分认识到，维护自身利益的更好方式是健全和完善以联合国为核心的全球环境治理框架，而不是任由少数西方国家来垄断行事。应支持联合国及其专门机构在全球环境治理中发挥领导力，倡导多边主义，坚持共商共建共享，推动全球环境治理体系改革和完善。

（1）推动建立更包容的多边协调机制。继续奉行积极有为的环境外交政策，统筹谋划重要外事活动和对外合作交流工作，借助欧盟、东盟、非盟等地区性国际组织和 G20、APEC 等多边平台拓展环境治理交流与合作，通过联合国环境大会、多边和双边协商取得的共识与达成的会议决议来采取集体和科学的行动，反对民粹主义和单边行动，以实际行动维护多边主义。

（2）参与环境治理国际规则制定。协同推进 2030 年可持续发展目标和全球环境治理变革，加强国际环境法的研究与应用，主动设置国际环境议程，积极参与全球环境治理领域的规则制定，努力将本国倡议的规则变成他国接受的“全球规则”，推动形成于我有利的国际环境法体系。

（3）坚持和维护共同但有区别的责任原则。这是全球生态文明建设的合作基础。发达国家和发展中国家的历史责任、发展阶段、应对能力都不同，共同但有区别的责任原则并没有过时，应该得到遵守。在国际环境治理谈判中，应与广大发展中国家一道，坚持和维护共同但有区别的责任原则，决不能让贫穷落后国家为一些实力雄厚大国造成的环境问题去买单，不能让发展相对落后的小国家承担超出自身能力范围的重担。

（三）塑造和提升中国在全球环境治理中的领导力

如果说在21世纪开始之前，以欧盟为代表的发达国家还勉强可以扮演全球环境治理领导者的角色。但在21世纪第一个10年即将结束的时刻，以发达国家在2009年哥本哈根气候变化大会上对加入《京都议定书》第二承诺期的几乎集体后退为标志，西方国家绿色领导力显然已经不能满足新时代全球环境治理的需求。在百年未有之大变局和“东升西降”背景下，西方发达国家领导全球环境治理的动力和能力不足，国际社会对中国发挥领导者角色抱有很高期待。

（1）带头履约，做出表率。推进全球环境治理，大国的立场和态度至关重要。无论从自身国情出发，还是从全球道义出发，中国都应在海洋污染治理、生物多样性保护、应对气候变化等全球环境问题方面彰显大国担当，采取更加积极的态度和主导解决的行动，带头履行环境国际公约，带头履行自主承诺，发挥正面引领作用，以实际行动为全球环境治理做出中国贡献。

（2）提供全球环境治理领域的国际公共产品。一般来讲，一个国家能为国际社会提供的公共产品越多，就意味着其所拥有的国际影响力和号召力越强。中国应深入挖掘绿色“一带一路”建设的潜力，借助绿色“一带一路”建设、南南合作项目等，共享发展和保护经验，推动中国的绿色技术和绿色标准“走出去”，为发展中国家提供力所能及的资金、技术援助；鼓励国际上与生态保护相关的科学研究，增加环境保护的科技投入；等等。

（四）加快绿色低碳转型

绿色化是疫后全球经济复苏的主题，对于与历史上数次产业革命失之交臂的广大发展中国家来说，今天在绿色发展领域是第一次与西方国家基本处于同一起跑线上。西方发达国家固然会实施“绿色壁垒”，但应对得当、危中寻机，主动对接全球低碳创新和绿色标准体系，切实推动绿色发展，不仅能打破遏制，而且也可能迎来一次难得的发展机遇。这对已经具有一定技术、资金、市场积累的中国来说更是如此。构建人与自然生命共同体，为全球环境治理做贡献，首先要做好自己的事情。我们把绿色低碳转型做得越好，就越能增强中国生态文明建设的说服力和吸引力。一方面，推动产业结构转型。学习借鉴发达国家在生态保护法律体系、环境经济政策、绿色低碳循环经济等方面的先进技术和经验，一手做“减法”，严控高耗能、高排放行业产能规模，一手做“加法”，鼓励发展资源节约型、环境友好型产业，推动以低碳经济为基本特征的产业结构优化升级。同时，在全社会推进节能减排，倡导勤俭节约的消费观，培育绿色低碳生活方式。另一方面，推动对外贸易转型。主动对接全球低碳创新链和国际绿色标准体系，深入研究如何融入全球绿色发展，加快引进和研发推广绿色环保技术，提高我国产业链、供应链、价值链绿色化水平，推动地方、行业开展绿色供应链实践应用，推动落实已签署自贸协定和投资协定中的环境条款，降低外向型企业的生态环境风险。

五、中国生态文明建设的世界影响

中国式现代化让人类社会发展的天地变得更加开阔；中国对人类文

明新形态的不断丰富和发展，鼓舞着更多的国家和民族在人类文明百花园中增添上自己的色彩。在现代化征程中，中国推进生态文明建设、推进人与自然和谐共生的现代化展现了强大的世界影响力。

（一）引领了全球绿色发展新潮流

从发展方式看，不同于西方发达资本主义国家疯狂掠夺资源和转移环境污染成本的现代化发展模式，在习近平生态文明思想的指引下，中国坚决抛弃轻视自然、支配自然、破坏自然的现代化模式，从生态发展的维度，贯彻绿色发展理念，尊重生态系统的运行法则，反对盲目、单一地追求财富的无限增长，充分考虑资源环境的承载力，坚持经济效益、社会效益、生态效益的高度统一，追求经济社会与人口、资源、环境的协调发展、可持续发展，走出了一条生产发展、生活富裕、生态良好的文明发展道路。这条人与自然和谐共生的现代化道路，不重蹈先污染后治理的西方老路，促进人和自然、人和人以及经济社会各方面更协调、更和谐，破解了人类社会发展的诸多难题，使 14 亿多中国人民奔向了全面小康，揭示了生态文明的强大生命力。

（二）中国生态文明建设理念得到广泛认可、理解和支持

中国生态文明建设举世瞩目的成就使中国生态文明理念走出国门，日益受到全世界重视。习近平总书记提出和阐发的“推动构建人类命运共同体”“建设生态文明和美丽地球”“促进人与自然和谐共生”“创新、协调、绿色、开放、共享的新发展理念”“高质量发展”“经济社会发展全面绿色转型”“生态文明是人类文明发展的历史趋势”“共同构建人与自然生命共同体”“共同构建地球生命共同体”等中国生态文明建设的原创性话语，逐渐成为被广泛接受的国际性话语，中国理念不断为全球环境治理注入正能量。2013 年，联合国环境规划署第二十七次理事会通过了推广中国生态文明理念的决定，中国生态文明理念首次写入联合国文件。2016 年 5 月在第 2 届联合国环境大会上，联合国环境规划署专门发布《绿水青山就是金山银山：中国生态文明战略与行动》报告，向全世界介绍中国生态文明建设经验。老挝自然资源与环境部将“绿水青山就是金山银山”作为座右铭。2021 年 10 月召开的《生物多样性公约》第十五次缔约方大会首次把生态文明作为大会主题，彰显了习近平生态文明思想鲜明的世界意义，充分说明了“生态文明”理念的世界影响力。《联合国气候变化框架公约》第二十六次缔约方大会气候行动高级别倡导者奈杰尔·托平表示，“生态文明”理念是一份如诗般美丽、独特的中国礼物。美国国家人文科学院院士小约翰·柯布指出，中国的生态文明建设，意味着中国关心的不仅是全中国人民的福祉，更是整个人类的可持续发展。人与自然和谐共生的中国式现代化道路，既向着建成“富强、民主、文明、和谐、美丽”的社会主义现代化强国总目标迈进，又向着构建人类命运共同体、共建清洁美丽的世界愿景迈进。可以说，中国生态文明建设的成就及其展现的中国方案、中国智慧、中国力量，在一定程度上影响着世界上一些国家的社会治理和发展，丰富了人类迈向生态现代化的路径选择。

（三）展现了中国特色社会主义生态文明的先进性

近年来，中国特色社会主义制度的优越性不断凸显，相较于西方的多党制及资本主义制度，中国特色社会主义制度在生态文明建设方面具有独特的优势。一是从地位而言，西方国家虽然也对生态环境问题进行了积极的治理，但并没有上升至“文明”的层面，而中国把生态文明建设提升至国家战略、民族大计的位置。与中国的生态文明建设相比，西方的生态文明建设明显具有狭隘性。二是从根源而言，西方社会的生态治理以资本为中心，资本的贪婪本性是导致生态风险的根源，因而幻想通过对资本主义生产方式进行技术改造实现绿色发展的生态资本主义也只是个不切实际的幻想。中国的生态文明建设以人民为中心，在创造更多物质财富和精神财富的同时，也在致力于为人民群众提供更多更优质的生态产品，是社会主义生态文明的典范。三是从理念而言，西方国家的可持续发展理念，缺乏对人与自然关系的统一性认识，在实施层面缺少对文化，特别是对价值取向和伦理道德等本质问题的剖析与对策研究，而且在全球治理制度层面，受限于西方政体模式，并没有跳出绿色工业文明的思路。这些局限性决定了西方可持续发展理念难以指引人类走向新的文明时代。而中国式现代化以马克思主义为指导，将实现人与自然和谐共生作为基本的价值遵循，体现了自然主义和以人为本相统一的理想追求。四是从模式而言，西方的治理模式为“多元”治理，而中国特色社会主义制度具有集中力量办大事的政治优势，政府能够调用国内一切有益的力量、资源等要素来解决复杂的生态环境问题，是在党的集中统一领导下社会组织和公众共同行动的“多方共治”，是“一元”和“多方”的有机统一。

（四）为我国现代化发展赢得了主动

当今世界正处于百年未有之大变局，国与国竞争日益激烈，国际经济、科技、文化、安全、政治等格局都在发生深刻调整，随着中国经济实力和综合国力不断提升，中国同世界的关系也正在发生历史性变化，而生态文明是不同国家、不同地区、不同文化的最大公约数。中国始终秉承人类命运共同体理念，对内加强生态文明建设、推进人与自然和谐共生的现代化，对外积极参与全球环境治理，承担与自身发展水平相称的环境国际责任，是名副其实的全球生态文明建设的参与者、贡献者、引领者。

然而，不可否认的是，当前一些已完成工业化的发达国家把生态环境问题作为制约和掣肘中国崛起的一个重要手段，通过设置各种名目的绿色贸易壁垒、碳关税、碳减排等所谓的生态环境保护措施，对中国的发展权进行一定的制约。美国前总统奥巴马曾讲，如果10多亿中国人也过上与美国和澳大利亚同样的生活，那将是人类的悲剧和灾难，地球根本承受不了，全世界将陷入非常悲惨的境地。一些西方国家一方面向我国输入“洋垃圾”等污染物，转移生态赤字，一方面炒作中国经济的迅速发展必定以牺牲生态环境为代价，在国际环境保护责任的划定上频频对我国施压，要求我国承担与自身发展水平不相称的环境国际责任。习近平总书记深刻指出，生态文明建设做好了，对中国特色社会主义是加分项，反之就会成为别有用心的势力攻击我们的借口。所以，无论是从我国自身发展道路，还是从国际环境看，我们都必须加强生态文明建设、推进人与自然和谐共生的现代化，不断提升我国在全球环境治理中的话语权和影响力，为我国发展营造良好的国际环境。

参考文献

习近平．共同构建地球生命共同体．人民日报，2021－10－13.

习近平．坚定信心 共克时艰 共建更加美好的世界．人民日报，2021－09－22.

习近平．共同构建人与自然生命共同体．人民日报，2021－04－23.

习近平．继往开来，开启全球应对气候变化新征程．人民日报，2020－12－13.

习近平．在联合国生物多样性峰会上的讲话．人民日报，2020－10－01.

习近平．携手构建合作共赢、公平合理的气候变化治理机制．人民日报，2015－12－01.

习近平．习近平谈治国理政：第4卷．北京：外文出版社，2022.

习近平．高举中国特色社会主义伟大旗帜 为全面建设社会主义现代化国家而团结奋斗．人民日报，2022－10－26.

习近平．新发展阶段贯彻新发展理念 必然要求构建新发展格局．求是，2022（17）.

习近平．努力建设人与自然和谐共生的现代化．求是，2022（11）.

习近平．推动我国生态文明建设迈上新台阶．求是，2019（3）.

郇庆治．2019年生态主义思潮：从中国参与到中国引领．人民论坛，2019（35）.

郇庆治．摒弃气候变化应对的“阴谋论” 2014：生态主义走向“中国时刻”．人民论坛，2015（3）.

叶琪．全球环境治理体系：发展演变、困境及未来走向．生态经济，2016，32（9）.

杨作精．“先污染后治理”不是社会主义社会的规律：与李书才同志商榷．中国环境管理，1988（2）.

文丰安．70 年来我国生态文明建设的历史流变及发展进路．重庆邮电大学学报（社会科学版），2019，31（6）．

张文晓．改革开放以来中国共产党生态文明建设思想发展历程：以八次党代会报告文本为视角．攀登，2020，39（2）．

刘超群，刘田原．新中国成立以来生态文明建设的实践探索．文化创新比较研究，2020，6（4）．

刘振清．新中国成立以来中国共产党生态文明建设思想及其演进概观．理论导刊，2014（12）．

张赓，马芳．中国共产党生态文明思想演进历程及实践路径．中南林业科技大学学报（社会科学版），2020（6）．

中国 21 世纪议程管理中心，中国科学院地理科学与资源研究所．低碳生活指南．北京：社会科学文献出版社，2010．

陈佐忠．做个低碳生活小主人．合肥：安徽少年儿童出版社，2011．

于瀚，孙涛．海南发展蓝色碳汇经济的政策建议//第九届海洋强国战略论坛论文集．北京：海洋出版社，2018．

郭腾达，魏世杰，李希义．构建市场导向的绿色技术创新体系：问题与建议．自然辩证法，2019（7）．

庄芹芹，吴滨，洪群联．市场导向的绿色技术创新体系：理论内涵、实践探索与推进策略．经济学家，2020（11）．

尤喆，成金华，易明．构建市场导向的绿色技术创新体系：重大意义与实践路径．学习与实践，2019（5）．

林慧青，张振群．司法创新助力生态文明建设迈上新台阶．人民论坛，2020（4）．

王伟．完善司法保护机制推进生态文明建设．人民论坛，2019（19）．

孙佑海．当前生态文明立法领域存在的几个问题．中国生态文明，2016（3）．

李晓瑜．构建完善的生态文明法治保障体系．中共郑州市委党校学报，2021（1）．

杨宜勇，吴香雪，杨泽坤．绿色发展的国际先进经验及其对中国的启示．新疆师范大学学报（哲学社会科学版），2016（5）．

张庆阳．生态文明建设的国际经验及其借鉴（一）：英国．中国减灾，2019（11）．

张庆阳．生态文明建设的国际经验及其借鉴（二）：德国．中国减灾，2019（17）.

刘佳．生态文明法治建设的实现路径．城市管理与科技，2017（1）.

赵英．绿色发展的国际先进经验对廊坊生态文明建设的启示．商业经济，2018（8）.

任婧．构建环境司法新格局推进生态文明法治建设．人民法院报，2020－10－22.

何能高．保护生态文明司法大有可为．人民法院报，2019－12－10.

周觅．培育和发展生态文化的主要路径．农村经济与科技，2018（22）.

王炯．健全和落实领导干部推进生态文明建设责任机制．群众，2016（9）.

柳景武．提升干部生态文明治理能力．中国组织人事报，2020－05－14.

于君，董蕾．保持加强生态文明建设的战略定力．光明日报，2020－07－08.

钟永德，徐美，刘艳，等．典型国家公园体制比较分析．北京林业大学学报（社会科学版），2019（1）.

李丰生，张文茜，曹世武．国家公园管理模式研究进展与述评．广西师范学院学报（哲学社会科学版），2015（6）.

张文兰．国家公园体制的国际经验．湖北科技学院学报，2016（5）.

赵雅萍，吴丰林．国家公园体制的国际经验及其对中国的启示．中国旅游评论，2015（2）.

文连阳，吕勇．国外国家公园的建设经验及启示．中国党政干部论坛，2017（11）.

周武忠，徐媛媛，周之澄．国外国家公园管理模式．上海交通大学学报，2014（8）.

蔚东英．国外国家公园管理体系解析．地球，2020（3）.

李闽．国土资源情报．国土资源情报，2017（2）.

林孝锴，张伟．中外国家公园建设管理体制比较．工程经济，2016（9）.

李博炎，朱彦鹏，刘伟玮，等．中国国家公园体制试点进展、问题及对策建议．生物多样性，2021（3）.

赵新全．三江源国家公园创建“五个一”管理模式．生物多样性，2021（3）.

刘丹，吕颖，崔高莹．社会组织参与三江源国家公园建设的现状、问题和经验．

中华环境，2020 (5).

王宇飞．三江源国家公园探索可复制、可推广的自然资源保护管理经验．地球，2019 (6).

李晟，冯杰，李彬彬，等．大熊猫国家公园体制试点的经验与挑战．生物多样性，2021 (3).

徐卫华，臧振华，杜傲，等．东北虎豹国家公园试点经验．生物多样性，2021 (3).

何思源，苏杨．武夷山试点经验及改进建议：南方集体林区国家公园保护的困难和改革的出路．生物多样性，2021 (3).

中共中央宣传部，生态环境部．习近平生态文明思想学习纲要．北京：学习出版社，2022.

全国干部培训教材编审指导委员会．推进生态文明建设美丽中国. 北京：人民出版社，2019.

李军，等．走向生态文明新时代的科学指南：学习习近平同志生态文明建设重要论述．北京：中国人民大学出版社，2015.

陈迎，巢清尘，等．碳达峰、碳中和 100 问．北京：人民日报出版社，2021.

杨锐，等．国家公园与自然保护地理论与实践研究．北京：中国建筑工业出版社，2019.

张蕾．纠正“运动式”减碳，必须先立后破：访国务院发展研究中心资源与环境政策研究所副所长常纪文．光明日报，2021-09-04.

罗姆．气候变化．北京：华中科技大学出版社，2020.

国家气候变化对策协调小组办公室，中国 21 世纪议程管理中心．全球气候变化：人类面临的挑战．北京：商务印书馆，2004.

陶茜，张晗晗．把绿色金融打造成绿色发展的新引擎．光明日报，2016-05-29.

刘解龙．深刻认识习近平生态文明思想的重大意义．湖南日报，2018-08-02.

中华人民共和国国民经济和社会发展第十四个五年规划和 2035 年远景目标纲要．北京：人民出版社，2021.

十部门印发关于促进绿色消费的指导意见的通知. http：//www. gov. cn/xinwen/

2016－03/02/content_5048002. htm.

中华人民共和国生态环境部．中央生态环保督察首次将国务院有关部门纳入督察范围 制度更完善 督察更有力（小康路上绿色力量）. 人民日报，2020－09－02.

习近平同法国德国领导人举行视频峰会．人民日报，2021－04－17.

上海市生态环境局．上海市生态环境局关于印发《上海市低碳示范创建工作方案》的函. https：//sthj. sh. gov. cn/hbzhywpt2025/20210809/84f0532090784cfa953e0b071071ccd3. html.

海南省“十四五”生态环境保护规划．https：//www. hainan. gov. cn/hainan/szfbgtwj/202107/8d1c46f12a424e5a94d629535627895b/files/4052ee26e0dd41cf93b4a27315e1ab89. pdf.

鄂竟平．提升生态系统质量和稳定性．人民日报，2021－01－08.

浙江省统计局．GDP 与绿色 GDP、GEP 和自然资源价值量关系研究．http：//tjj. zj. gov. cn/art/2021/8/10/art_1229129214_4700428. html.

陈洪波．着力提升生态系统质量和稳定性．中国环境报，2021－03－12.

中国的生物多样性保护. http：//www. gov. cn/zhengce/2021－10/08/content_5641289. htm.

我国生物多样性履约行动、进展与展望. https：//www. mee. gov. cn/zcwj/zcjd/202110/t20211023_957570. shtml.

国家植物园如何诠释中国植物多样性保护?. https：//baijiahao. baidu. com/s?id=1732277731446819655.

高质量建设国家植物园体系. https：//baijiahao. baidu. com/s?id=1739825487527488115.

为全球环境治理贡献中国智慧．人民日报，2021－11－04.

中国气象局气候变化中心．中国气候变化蓝皮书（2022）. 北京：科学出版社，2022.

国务院部署七方面 21 项举措 力促新能源高质量发展. http：//www. news. cn/politics/2022－05/30/c_1128698165. htm.

国家能源局石油天然气司，国务院发展研究中心资源与环境政策研究所，自然资源部油气资源战略研究中心．中国天然气发展报告（2022）. 北京：石油工业出版社，2022.

中华人民共和国国务院办公室．中国应对气候变化的政策与行动．北京：人民出版社，2021.

亨廷顿．变化社会中的政治秩序．北京：生活·读书·新知三联书店，1989.

孙金龙．认真学习贯彻习近平法治思想 用最严格制度最严密法治推进美丽中国建设．环境保护，2022，50（17）.

李俊峰．做好碳达峰、碳中和工作，迎接低排放发展的新时代．财经智库，2021，6（4）.

中国应对气候变化的政策与行动．人民日报，2021-10-28.

张蕾．纠正“运动式”减碳，必须先立后破．光明日报，2021-09-04.

国务院关于印发 2030 年前碳达峰行动方案的通知. http：//www. gov. cn/zhengce/content/2021-10/26/content_5644984. htm.

绿色生活方式：居民能为碳达峰、碳中和做些什么？．大众科学，2021（9）.

张海燕．生态安全、环境治理与全球秩序．南大亚太评论，2020（1）.

庄贵阳，薄凡，张靖．中国在全球气候治理中的角色定位与战略选择．世界经济与政治，2018（4）.

解振华．坚持积极应对气候变化战略定力 继续做全球生态文明建设的重要参与者、贡献者和引领者：纪念《巴黎协定》达成五周年．环境与可持续发展，2021，46（1）.

李军．高质量建设热带雨林国家公园．今日海南，2022（3）.

周武忠，徐媛媛，周之澄．国家公园管理模式研究综述与评介//设计学研究·2014. 北京：人民出版社，2015.

中共中央 国务院关于深入打好污染防治攻坚战的意见. http：//www. gov. cn/zhengce/2021-11/07/content_5649656. htm.

国务院关于加快建立健全绿色低碳循环发展经济体系的指导意见. http：//www. gov. cn/zhengce/content/2021-02/22/content_5588274. htm.

高世楫，俞敏．GEP 核算是基础，应用是关键．学习时报，2021-09-29.

魏宏博．基于外部性理论的城市环保经济手段研究．哈尔滨：哈尔滨工业大学，2007.

张童彤．西方生态现代化理论及其对我国生态文明建设的启示．合肥：合肥工业大学，2021.

韩喜平，徐华良．现代化和现代化理论的新突破．上海商学院学报，2022，23（4）.

孙金龙．肩负起新时代建设美丽中国的历史使命．中国生态文明，2022（1）.

中共中央关于党的百年奋斗重大成就和历史经验的决议．人民日报，2021-11-17.

吕君枝．西方生态现代化理论对我国生态现代化发展的启示．产业与科技论坛，2020，19（7）.

程立峰．我国环境保护经济手段研究．哈尔滨：哈尔滨工程大学，2002.

中共中央办公厅 国务院办公厅印发《关于建立健全生态产品价值实现机制的意见》. http：//www. gov. cn/zhengce/2021-04/26/content_5602763. htm.

中国气候变化蓝皮书（2022）．中国科学报，2022-08-04.

后　记

生态文明与中国式现代化问题是一个实践性、理论性都很强的重大课题，有待大家进一步探索。2021 年 10 月至 11 月，笔者为党校学员授课，介绍了对这一课题的初步思考。学员们普遍反映，授课内容理论联系实际，对自己未来主动地把握规律，增强工作的自觉性、系统性、创造性，以更好推进生态文明建设有较大帮助，希望整理后出版，以便工作时阅读参考。党的二十大胜利召开后，笔者和有关同志认真学习领会二十大报告精神，特别是深入研究生态文明建设、促进人与自然和谐共生、中国式现代化的最新精神，有许多新体会新认识，对拟整理出版的授课内容进行了完善和提升，这就是呈现在读者面前的这本《生态文明与中国式现代化》。

笔者长期从事生态文明建设的实际工作，先后在多个地方实施了若干社会效益和经济效益良好的生态文明建设工程，同时，也一直在思考研究其中的理论问题，出版发表了《走向生态文明新时代的科学指南：学习习近平同志生态文明建设重要论述》等多部（篇）论著，有幸被选中，参与由中国社会科学院生态文明研究智库、国务院发展研究中心资源与环境政策研究所、中国生态文明研究与促进会、生态环境部环境规划院等单位共同主办的《美丽中国：新中国 70 年 70 人论生态文明建设》文献理论著作编著活动。当然，笔者清醒地认识到生态文明与中国式现代化课题的艰巨性、复杂性，对其研究和思考仍是初步的，将在今后工作中致力于有新的贡献。

在笔者搜集资料、撰写讲义及整理录音的过程中，海南省委政策研究室和省委党校有关同志不辞辛苦，提供了许多帮助，表现出良好的理论政策素养和文字能力。中国人民大学出版社高质量高效率地完成了审稿、编校等工作。在此一并表示衷心感谢！真诚欢迎各位读者对书中存在的错误、疏漏之处予以批评指正。

钱　海

2022 年 12 月

图书在版编目（CIP）数据

生态文明与中国式现代化 / 钱海著．-- 北京：中国人民大学出版社，2023.3
ISBN 978-7-300-31436-5

Ⅰ.①生… Ⅱ.①钱… Ⅲ.①生态环境建设—研究—中国②现代化建设—研究—中国 Ⅳ.①X321.2②D61

中国国家版本馆 CIP 数据核字（2023）第 012581 号

生态文明与中国式现代化

钱 海 著

Shengtai Wenming yu Zhongguoshi Xiandaihua

出版发行	中国人民大学出版社		
社 址	北京中关村大街 31 号	**邮政编码**	100080
电 话	010－62511242（总编室）		010－62511770（质管部）
	010－82501766（邮购部）		010－62514148（门市部）
	010－62515195（发行公司）		010－62515275（盗版举报）
网 址	http://www.crup.com.cn		
经 销	新华书店		
印 刷	固安县铭成印刷有限公司		
开 本	720 mm×1000 mm 1/16	**版 次**	2023 年 3 月第 1 版
印 张	16.75 插页 2	**印 次**	2024 年 8 月第 4 次印刷
字 数	214 000	**定 价**	79.80 元